Touhidul Alam
Mohammad Tariqul Islam

Análise SAR em crianças, adultos e doentes com tumores cerebrais

Touhidul Alam
Mohammad Tariqul Islam

Análise SAR em crianças, adultos e doentes com tumores cerebrais

ScienciaScripts

Imprint

Cover image: www.ingimage.com

This book is a translation from the original published under ISBN 978-620-2-31951-5.

Publisher:
Sciencia Scripts
is a trademark of
Dodo Books Indian Ocean Ltd. and OmniScriptum S.R.L publishing group

120 High Road, East Finchley, London, N2 9ED, United Kingdom
Str. Armeneasca 28/1, office 1, Chisinau MD-2012, Republic of Moldova, Europe
Printed at: see last page
ISBN: 978-620-8-12504-2

Reconhecimento

Em nome de Allah SWT, o mais misericordioso e o mais benéfico, que nos concedeu a vida e nos deu a oportunidade de concluir esta tese.

Gostaríamos de expressar a nossa gratidão ao nosso supervisor, Sr. Touhidul Alam, pela sua coragem, ideias e apoio contínuo na realização desta tese. É com grande prazer que lhe agradecemos a sua inspiração, gentileza, simpatia e conselhos sobre investigação. Estamos-lhe gratos porque nos concedeu tempo suficiente, apesar da sua agenda preenchida. Além disso, estamos gratos ao Sr. Tanveer Ahsan, Professor Associado, Departamento de CSE, IIUC, pelo seu apoio e cooperação. Estamos profundamente gratos aos membros do corpo docente do Departamento de Informática e Engenharia da Universidade Islâmica Internacional de Chittagong por nos terem proporcionado as instalações e o ambiente de trabalho.

Por último, mas não menos importante, estamos gratos aos nossos pais, familiares e parentes pela sua inspiração e encorajamento durante o nosso estudo. Sem o seu apoio contínuo, não conseguiríamos chegar à fase em que nos encontramos atualmente. É com grande prazer que dedicamos esta tese aos nossos pais.

RESUMO

Por volta de 30.000 a.C., a comunicação começou a assumir um formato manufaturado e, após a invenção do telefone em 1848, abriu-se uma nova porta chamada tecnologia da comunicação. Esta tecnologia de comunicação cresceu rapidamente ao longo dos anos e continua a desenvolver-se até hoje. A comunicação sem fios é uma das formas mais populares de comunicação, cujo princípio básico é o intercâmbio de energia electromagnética através da antena. Esta tecnologia de comunicação é seguramente útil para nós, mas os seus inconvenientes são também prejudiciais para nós. A tecnologia de comunicação provoca uma grave radiação electromagnética para a humanidade. Quando utilizamos o telemóvel, a sua antena irradia ondas electromagnéticas e o tecido da nossa cabeça absorve esta radiação. Esta produz calor no nosso tecido cerebral, o que provoca perturbações biológicas. Por isso, é necessário um estudo adequado para reduzir esta radiação e os seus danos.

Os valores SAR têm de ser medidos para quantificar o efeito do cérebro humano. Neste estudo, a antena PIFA é utilizada para medir o valor SAR. O trabalho é realizado em três etapas: o valor SAR de uma cabeça humana adulta saudável, de um simulador de cabeça com um tumor e de uma criança. Medimos o valor a partir de diferentes distâncias e de diferentes posições da antena em relação ao fantoma da cabeça humana. Aqui utilizámos duas frequências da antena para irradiar em 900MHz e 1800MHz.

ÍNDICE

CAPÍTULO 1
INTRODUÇÃO

1.1 INTRODUÇÃO

Todas as espécies animais têm os seus próprios sistemas de comunicação, mas os seres humanos são as únicas espécies que desenvolveram um sistema de comunicação normalizado. A comunicação eficaz é necessária por diferentes razões, como a expressão de emoções, a motivação, o estabelecimento de autoridade e controlo, etc. A comunicação é um elemento vital para criar coesão social. O homem utiliza diferentes tipos de formas de comunicação desde o seu aparecimento na Terra. Por volta de 30.000 a.C., essa comunicação começou a assumir um formato manufaturado. Hoje em dia, existem muitas formas ou métodos de comunicação e este sistema de comunicação foi-se desenvolvendo gradualmente, dia após dia, sem que se vislumbrem quaisquer mudanças. Destas tecnologias ou métodos, a telecomunicação ou o sistema sem fios é uma das questões mais importantes.

A comunicação sem fios é uma das maiores invenções do mundo. Está relacionada com a transferência de dados sobre uma área sem o apoio de fios, cabos ou qualquer tipo de meio eletrónico. A área transferida pode variar entre alguns metros, por exemplo, um controlo remoto de televisão, e milhares de quilómetros, por exemplo, uma comunicação via rádio. Alguns dos dispositivos utilizados para a comunicação sem fios são os telemóveis e os pagers, os periféricos de computador sem fios GPS, os aparelhos telefónicos sem fios, as caixas de controlo do sistema de entretenimento doméstico, os comandos de abertura de portas de garagem, os rádios bidireccionais, os monitores para bebés, a televisão por satélite, as LAN sem fios ou redes locais, o teclado, etc. A utilização de dispositivos sem fios, como o Bluetooth, o telemóvel e os auscultadores, torna a comunicação muito fácil e rápida. Mas também tem alguns inconvenientes, como a radiação ou as ondas electromagnéticas.

Estas radiações causam muitas doenças no corpo humano, como cancro, dores de cabeça, irritabilidade, problemas de audição, perda de memória, depressão, etc.

1.2 DECLARAÇÃO DO PROBLEMA

Atualmente, o sistema de comunicação sem fios tem ganho uma evolução significativa. Mas a tecnologia de comunicação eletrónica também tem um impacto adverso nos seres vivos. A utilização contínua destes dispositivos pode causar danos no corpo humano, nomeadamente na cabeça, no pescoço e nos ouvidos. Assim, tornou-se um desafio reduzir o calor induzido pelo telemóvel, o Bluetooth, os auscultadores, etc.

A indústria dos telemóveis é semelhante à indústria dos cigarros, que continua a afirmar que fumar não é prejudicial e agora há milhões de pessoas em todo o mundo que sofreram com o tabagismo. De facto, a radiação dos telemóveis ou das torres é pior do que a do tabaco, uma vez que não se pode ver, cheirar e o seu efeito na saúde é notado após um longo período de exposição.

Um grupo de peritos de 10 pessoas formado pelo Ministério do Ambiente da Índia apresentou o seu relatório em outubro de 2011 sobre os "Impactos das torres de comunicação na vida selvagem, incluindo aves e abelhas". De acordo com o relatório, para além dos seres humanos, as radiações das torres de telemóveis também afectam as aves, os animais, as plantas e o ambiente.

No ensaio da taxa de absorção específica, o principal desafio é obter o valor SAR a partir de diferentes distâncias e de diferentes posições da cabeça, do ouvido e do pescoço humanos; obter o valor SAR para um doente com tumor. Também é difícil avaliar o efeito nas crianças, a competência e os atributos de emissão seguros. Todas estas questões convergem para este estudo. Por conseguinte, o principal objetivo da tese é garantir a utilização protegida de dispositivos sem fios, como o telemóvel, através do planeamento e melhoria de telemóveis ou outros dispositivos com baixo valor de SAR.

1.3 OBJECTIVOS DA TESE

Os objectivos do presente estudo são:

1. Investigar os factores do tumor cerebral que influenciam os valores de SAR e o seu efeito no ser humano.
2. Analisar a taxa de absorção EM do tecido da cabeça humana de crianças e adultos a 900 MHz e 1800 MHz.
3. Analisar os valores de SAR e o efeito da SAR no fantoma da cabeça humana a diferentes distâncias e posições do telemóvel.

1.4 ÂMBITO DA INVESTIGAÇÃO

Os âmbitos deste estudo são:

1. Analisar as actuais formas de desvalorização da RAE e ideias de melhoria.
2. Composição, construção e evolução de dispositivos sem fios com baixo valor de absorção específica.
3. Esquematizar e melhorar estruturas para a contração de absorção específica de antenas de dispositivos de comunicação sem fios. A área regular ou comum pode ser restabelecida por formas de construção simuladas que podem esconder ondas aparentes indesejáveis.
4. Avaliar as caraterísticas da antena dos dispositivos de comunicação sem fios com e sem o fantoma da cabeça humana.

5. Ensaio de absorção electromagnética na cabeça humana para esquematização de antenas de telemóveis.

1.5 ORGANIZAÇÃO DO LIVRO

Esta tese é composta por cinco capítulos, nos quais se discutem os trabalhos de investigação efectuados e se analisam todos os resultados das simulações. O Capítulo I abordou a introdução da investigação, seguida da declaração do problema da investigação, dos objectivos da investigação, do âmbito da investigação e, por último, do esboço da tese.

O Capítulo II abordou a introdução da revisão da literatura, a visão geral das ondas electromagnéticas e os efeitos da radiação no ser humano, seguindo-se a classificação da radiação e os efeitos da radiação nas crianças e nos adultos. Em seguida, foram discutidos os factores que influenciam a absorção de EM, seguidos da Taxa de Absorção Específica (SAR).

O capítulo III aborda a introdução da metodologia de investigação, seguida da metodologia em fluxograma e algoritmo. Em seguida, é feita uma análise da antena PIFA e do fantoma SAM homogéneo, incluindo a cabeça, a mão e o telemóvel, que são utilizados nesta tese.

O capítulo IV inclui a introdução dos resultados e discussão e os valores SAR da absorção de ondas electromagnéticas na cabeça humana a partir de diferentes distâncias e posições. Segue-se a SAR numa cabeça de adulto saudável com mão, numa cabeça com tumor, numa cabeça de adulto sem mão e num fantoma de criança de diferentes idades. Por último, é discutido um resumo dos resultados globais.

O Capítulo V aborda a introdução, seguida do resumo e dos trabalhos futuros da tese.

CAPÍTULO 2
REVISÃO DA LITERATURA

2.1 INTRODUÇÃO

Neste capítulo, é abordada a ideia básica das ondas electromagnéticas e a sua taxa de absorção na cabeça humana. A visão geral das ondas electromagnéticas, os efeitos da radiação no ser humano, os efeitos da radiação em crianças e adultos, a absorção de EM pelo corpo autorizado e os trabalhos anteriores também são abordados aqui.

2.2 VISÃO GERAL DAS ONDAS ELECTROMAGNÉTICAS

As ondas electromagnéticas transportam energia através do espaço vazio e são constituídas por campos eléctricos e magnéticos. As ondas electromagnéticas fazem parte do espetro eletromagnético. Todas estas ondas viajam à velocidade da luz. O campo magnético é perpendicular ao campo elétrico. As ondas electromagnéticas dependem da variação da temperatura de diferentes objectos. As ondas de rádio são um tipo de ondas electromagnéticas que são as ondas de frequência mais baixa e são geralmente transmitidas por estrelas, planetas e outros objectos cósmicos. As ondas electromagnéticas dependem da variação de temperatura dos diferentes objectos. Outra onda de frequência mais baixa são as micro-ondas. As ondas de frequência média são as ondas infravermelhas. O sol, o fogo e os objectos que produzem calor emitem estas ondas. Geralmente, as ondas infravermelhas, que têm um comprimento de onda maior, produzem calor. A luz visível e os raios ultravioleta também são emitidos pelo sol e pelas estrelas. Os raios UV podem causar cancro. As ondas de energia extremamente elevada são as ondas de raios X e são emitidas por objectos que produzem temperaturas elevadas, como o Sol. Geralmente, estas ondas são utilizadas na tecnologia de imagem. As ondas electromagnéticas de frequência mais elevada são as ondas gama. Pulsares, estrelas de neutrões, supernovas e buracos negros, etc., são os objectos cósmicos mais energéticos que emitem ondas gama. Os raios gama são nocivos para a vida, pois destroem as células vivas. Entre estas ondas electromagnéticas, as micro-ondas e as ondas de rádio desempenham um papel importante na tecnologia das telecomunicações.

2.3 ONDAS ELECTROMAGNÉTICAS EM APLICAÇÕES DE TELECOMUNICAÇÕES

Quando uma antena transmissora propaga ondas electromagnéticas, estas viajam num espaço de vácuo. As ondas electromagnéticas têm a capacidade de se propagar através do vácuo e do espaço vazio. Podem expandir-se numa vasta gama de comprimentos que podem ir de uma pequena escala atómica a centenas de metros. Num espetro eletromagnético, este comprimento pode ser delimitado. A energia e a informação podem ser transportadas através da propagação de ondas electromagnéticas (Sadiku et al. 2011). As ondas EM podem transportar alguma energia, conhecida como energia electromagnética. Esta energia consiste em energia cinética, frequência e comprimento de onda. O comprimento de onda e a frequência especificados categorizam as ondas electromagnéticas. A Figura 2.1 abaixo mostra o comprimento de cada onda e a sua frequência, que constituem o amplo espetro das ondas EM.

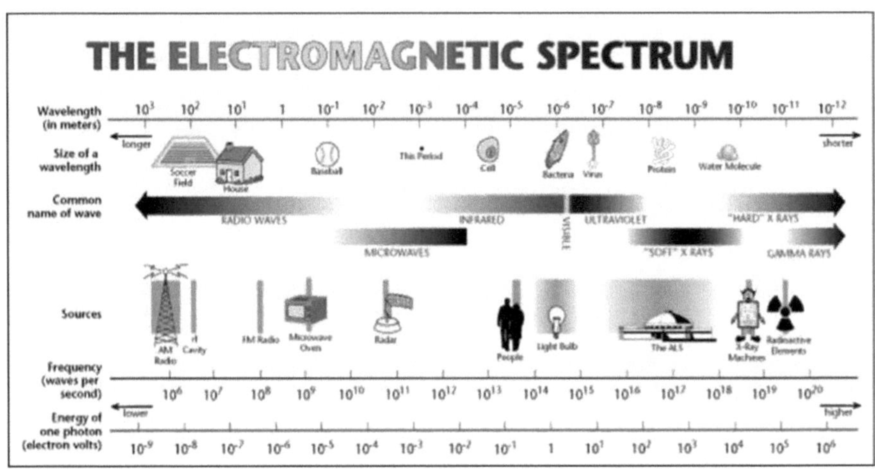

FIGURA 2.1 Espectro eletromagnético

Fonte: http://www.lbl.gov/MicroWorlds/ALSTool/EMSpec/EMSpec.html.960105

As telecomunicações sem fios significam simplesmente a tecnologia de comunicação em que os dados, a voz, a mensagem, a informação, etc. são transferidos sem utilizar um comprimento fixo de fio. No sistema de comunicação sem fios utilizam-se geralmente ondas de rádio. As pessoas que se encontram em locais diferentes podem comunicar facilmente através destas ondas de rádio sem ligação eléctrica direta entre os aparelhos. Segue-se uma breve descrição do funcionamento das ondas de rádio no sistema de telecomunicações, de acordo com a figura 2.2.

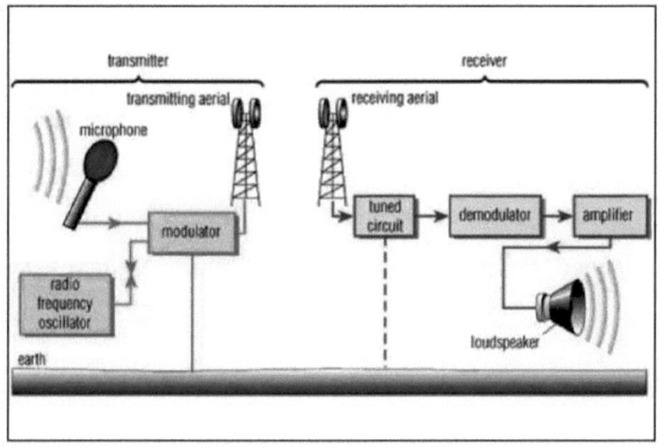

FIGURA 2.2 Transmissão e receção de rádio

Fonte: https://physicswirelessconnection.wordpress.com/guide-card/a-concept-of-wireless-communications/1-3-elements-of-radio-communication-system

A transformação da energia sonora em energia eléctrica e da energia eléctrica em energia electromagnética é a ideia principal ou básica da transmissão de ondas de rádio. Com base na Figura 2.2, podemos ver que os sons são convertidos em sinais eléctricos através de um microfone. Em seguida, são amplificados e, num transmissor, um circuito oscilador gera uma onda portadora e esta onda portadora modulada é também amplificada. Existe uma antena que é utilizada para converter os sinais eléctricos em ondas electromagnéticas.

Depois disso, continua o processo inverso, o que significa que as ondas electromagnéticas são transformadas em ondas eléctricas e estas são convertidas em sons. Este som pode ser ouvido por uma pessoa através do altifalante. Este é o princípio básico de funcionamento das telecomunicações sem fios.

Uma antena de telemóvel pode transmitir e receber sinais sob a forma de ondas electromagnéticas. O sistema de comunicação global utiliza geralmente 900MHz e 1800MHz. A exposição a uma frequência específica afecta a ressonância das antenas. Ao viajar entre o telemóvel e a estação de base, as ondas electromagnéticas emitem uma quantidade fixa de energia de radiação dos telemóveis, o que é prejudicial para o ser humano. A potência de radiação pode ser aumentada através da comunicação a longa distância entre o telemóvel e a estação de base. Se os sinais forem fracos, a comunicação entre o telemóvel e a estação de base será induzida. Estas duas condições geram a potência de radiação e a manutenção da transmissão do sinal do telemóvel para a estação de base indica a continuidade da comunicação.

2.4 EFEITOS DAS RADIAÇÕES NO SER HUMANO

A radiação dos telemóveis causa preocupações, dores de cabeça e problemas de tiroide (Rothman et al. 1996; Violanti et al. 1996; Repacholi et al. 1998; Berg et al. 2000; Rothman 2000). O sistema biológico do corpo humano pode sofrer alterações significativas devido ao excesso de radiação dos telemóveis (Anderson 2003; Fujiwara et al. 2003; Martinaz et al. 2004). A radiação do telemóvel causa danos ao coração, pode matar células nervosas e pequenos vasos sanguíneos (Szmigielski et al. 2013).

Atualmente, o risco de arritmia cardíaca e de enfarte agudo do miocárdio está a aumentar devido ao excesso de radiação dos telemóveis (Kheifets et al. 2006). Atualmente, estão disponíveis dispositivos de comunicação de pequenas dimensões, flexíveis e portáteis. Consequentemente, a utilização de telemóveis está a aumentar significativamente. De acordo com (Poljak et al. 2005), a utilização de telemóveis está a aumentar de dia para dia e mais utilizações de telemóveis significam mais radiação e emissão de calor. Estes causam diferentes tipos de doenças nocivas, como arritmia cardíaca, enfarte do miocárdio, dores de cabeça; podem também matar pequenos vasos sanguíneos, danificar as células e causar falta de fornecimento de oxigénio. São necessários mais estudos e investigação para reduzir a radiação excessiva da antena do telemóvel. A radiação da antena do telemóvel afectou o tumor cerebral e as células cancerígenas (Hardell et al. 2008; Khurana et al. 2009). Noutro estudo, afirma-se que as causas do tumor cerebral estão intimamente relacionadas com a utilização do telemóvel (Cardis et al. 2007; Takebayashi et al. 2008; Myung et al. 2009).

2.4.1 Classificação das radiações

A radiação ionizante e a radiação não ionizante são duas grandes classes de radiação. A radiação ionizante é qualquer tipo de partícula ou onda electromagnética com energia suficiente para ionizar ou remover electrões de um átomo. Os raios X e os raios gama são dois tipos de ondas electromagnéticas que podem ionizar os átomos e, por vezes, têm a mesma energia. Quando há interação entre núcleos, produz-se radiação gama. No exterior do núcleo, os raios X são produzidos pelos electrões. A radiação ionizante não é segura para os seres vivos porque pode matar a célula. A mutação das células pode tornar-se incorrecta devido à radiação ionizante.

A radiação não ionizante é diferente da radiação ionizante no que respeita ao transporte de energia. Por radiação não ionizante entende-se a radiação que não transporta energia suficiente por quantum. A radiação não ionizante contém vários benefícios, mas também é nociva, pois pode causar queimaduras, doenças provocadas pela radiação, cancro, danos genéticos, etc. Ao contrário da radiação ionizante, a quebra de ligações entre as moléculas não é causada pela radiação não ionizante. Exemplos de radiações não ionizantes são as ondas de rádio, as micro-ondas, o infravermelho, o ultravioleta, a luz visível

Os efeitos das radiações ionizantes e não ionizantes são diferentes. Em geral, as radiações ionizantes têm efeitos a curto prazo na saúde humana. Pode provocar alterações biológicas significativas no ser humano. Por exemplo, durante a gravidez, as radiações como os raios X podem ter um efeito negativo no estado do feto. Geralmente, as radiações não ionizantes têm efeitos a longo prazo no corpo humano.

O efeito de aquecimento é o principal problema. Quando uma pessoa utiliza o telemóvel durante muito tempo, este pode induzir calor na zona onde o telemóvel está colocado. Naturalmente, essa zona é a cabeça humana, que sofre muito com a radiação da antena do telemóvel. A privação do sono, a perda de memória a curto prazo, a dor de cabeça, etc. são também efeitos da radiação do telemóvel. A radiação do telemóvel também pode causar tumores cerebrais ou tem um efeito negativo significativo na cabeça que contém células tumorais (Swerdlow et al. 2011).

2.4.2 Efeito da radiação em crianças e adultos

A taxa de absorção da radiação electromagnética das crianças e dos adultos é diferente. Tal deve-se ao facto de a estrutura corporal das crianças ser diferente da dos adultos. Existem muitos estudos sobre o efeito da radiação EM em crianças e adultos. (Peyman et al. 2001; Fujiwara et al. 2003; Wiart et al. 2008; Kuster et al. 2009; Christ et al. 2010). Em vários estudos, verificámos que a taxa de absorção da radiação na cabeça das crianças é 153% superior à dos adultos. Estes estudos mostram que existe um efeito nocivo na cabeça das crianças devido à radiação do telemóvel. As crianças com idades compreendidas entre os cinco e os oito anos absorvem duas vezes mais radiação do que os adultos (Wiart et al. 2008). Se as crianças tiverem idades compreendidas entre os oito e os dez anos, a taxa de absorção é inferior à dos adultos. Isto deve-se ao facto de, nesta idade, as propriedades do cérebro serem as mesmas do adulto, mas de tamanho reduzido. Consequentemente, as cabeças de pequenas dimensões absorvem uma pequena quantidade de radiação, embora tenham as mesmas propriedades que os adultos. Noutro estudo, podemos verificar que a taxa de absorção de radiação das crianças é 60% superior à dos adultos (de Salles et al. 2006). Outro estudo mostra que o crânio e os ossos das crianças são mais finos do que os dos adultos. Assim, quando utilizam o telemóvel, a radiação pode ser facilmente absorvida pelo cérebro ou pelas células e esta taxa de absorção é duas vezes superior à dos adultos (Kuster et al. 2009). A taxa de absorção da radiação no cérebro das crianças é 3 vezes superior à do cérebro dos adultos. (Christ et al. 2010).

2.5 FACTORES QUE INFLUENCIAM A ABSORÇÃO DE EM

No entanto, neste estudo, será dada mais atenção às ondas electromagnéticas provenientes das aplicações dos telemóveis. Todas estas informações são importantes para determinar os diferentes efeitos da radiação do telemóvel no ser humano. Hoje em dia, existem várias ferramentas eléctricas que são a fonte de radiação. Na tecnologia avançada, muitos dispositivos estão a utilizar ondas EM para transferir e receber sinais ou informações. Todas estas tecnologias ou dispositivos têm maior utilização em todo o mundo e são os dispositivos mais disponíveis entre outros. Bluetooth, WAN, Wi-Fi são outra fonte de ondas ou radiações EM.

Temos de nos preocupar com os inconvenientes dos dispositivos eléctricos responsáveis pela radiação EM e devemos evitar a sua utilização prolongada. Para isso, é necessário determinar os factores que provocam as ondas electromagnéticas e efetuar medições para reduzir os seus efeitos negativos. A distância entre a estação de base e o telemóvel, as diferentes frequências, a posição de fixação dos aparelhos, a espessura do crânio, o material condutor da mão humana, as propriedades dieléctricas do cérebro, a posição da antena, o material da antena, a distância entre o telemóvel e o cérebro dos seres vivos são os principais factores que influenciam a taxa de absorção da radiação pelo corpo humano.

2.5.1 Exposição à frequência operacional

Nas redes de comunicação, existem vários tipos de portadores de frequência alargados. A exposição à frequência operacional do telemóvel é um dos factores importantes que influenciam a absorção das ondas electromagnéticas pelo ser humano. A frequência de funcionamento varia de país para país e depende da regulamentação estabelecida por esse país. Nalguns países, a frequência utilizada é de 900 MHz ou, noutros, de 1800 MHz ou 1900 MHz. Diferentes tipos de frequências operacionais têm efeitos diferentes na absorção das ondas electromagnéticas pelo corpo humano ou pelos utilizadores. Num estudo realizado, podemos verificar que as pessoas que utilizam telemóveis com frequências operacionais mais baixas têm tendência a absorver mais ondas electromagnéticas (Kahalatbari et al. 2004). Isto acontece porque a frequência mais baixa contém um comprimento de onda maior. Este comprimento de onda mais longo pode penetrar profundamente no cérebro humano e agitar tecidos específicos. As frequências mais baixas têm uma penetração muito profunda em comparação com as frequências mais altas, que têm uma penetração menos profunda no cérebro humano (Ali et al. 2009). Assim, o cérebro humano absorve menos radiação electromagnética devido à menor profundidade de penetração, o que expressa a emissão de radiação do telemóvel.

2.5.2 Posição de retenção do telemóvel

Existem dois tipos de posições de retenção do telemóvel. Uma é a posição de controlo e a outra é a posição de inclinação (Kainz et al. 2005). A posição de segurar o telemóvel é um dos factores importantes que influenciam a absorção das ondas electromagnéticas.

Neste estudo, utilizamos duas posições para segurar o telemóvel: a posição da bochecha e a posição inclinada. Quando o telemóvel é segurado próximo da zona do pavilhão auricular ou da orelha, designa-se por posição da bochecha. Quando o telemóvel é segurado perto do ouvido com um ângulo específico, chama-se posição de inclinação. Todos estes ângulos podem variar consoante a pessoa. O cérebro humano absorve menos ondas electromagnéticas na posição de controlo em comparação com a posição de inclinação (Varsier et al. 2008). O principal fator determinante é a distância entre a antena do telemóvel e a cabeça humana.

2.5.3 Várias distâncias entre o telemóvel e o fantoma da cabeça humana

Outro fator importante que influencia a absorção das ondas EM é a distância entre o telemóvel e o fantoma da cabeça humana. Em diferentes distâncias, a taxa de radiação dá resultados diferentes. A área mais próxima do telemóvel absorve mais radiação do que qualquer outra área. A taxa de absorção da radiação diminui à medida que o dispositivo se afasta do corpo humano (Zhang et al. 2011). Quando uma onda atinge o corpo humano e penetra nele, o corpo humano absorve menos quantidade de EM. Num estudo anterior, verificámos que a distância entre o corpo humano e o telemóvel é de 10 mm a 15 mm para a exposição à frequência operacional de 900 MHz e 1800 MHz (Zhang et al. 2011). Quando o desempenho da antena está intacto, a melhor opção é estabelecer uma separação maior.

Isto garante a eficácia do desempenho da antena com a redução da absorção da radiação pelo cérebro humano.

2.6 TAXA DE ABSORÇÃO ESPECÍFICA (SAR)

A taxa de absorção específica (SAR) indica a quantidade de radiação que é absorvida por uma cabeça quando se utiliza um telemóvel. A SAR é uma métrica de dose utilizada para quantificar a absorção de radiação pelo corpo humano por unidade de massa em quilograma (Kg) de um telemóvel (Al- Mously et al. 2011, Mat et al. 2010). Um valor SAR é uma medida da energia máxima absorvida por uma unidade de massa de tecido exposto de uma pessoa que utiliza um telemóvel, durante um determinado período de tempo ou, mais simplesmente, a potência absorvida por unidade de massa. A SAR também pode ser definida como a medida da quantidade de radiofrequência (RF) mais elevada do campo eletromagnético (EMF) absorvida pela massa de tecido biológico quando exposta a um dispositivo de radiação. Os valores SAR são normalmente expressos em unidades de watts por quilograma (W/kg).

$$SAR = \frac{\sigma E^2}{2\rho}[\text{W/Kg}] \qquad (1)$$

σ=é a condutividade do tecido humano [S/m] (Siemens por metro)

E=é o campo elétrico induzido no interior do corpo humano [V/m] (volt s-perímetro)

p=é a densidade da amostra de tecido [kg/ m^3] (Quilograma por metro cúbico)

2.7 RESUMO

De um modo geral, o Capítulo II discutiu diferentes tipos de efeitos, factores e taxa de radiação das ondas electromagnéticas para o ser humano. Também foram estudados trabalhos anteriores para aumentar a profundidade do conhecimento e desenvolver o âmbito da nova investigação. Existem muitos factores que causam a absorção das ondas EM pelo cérebro ou corpo humano. A distância entre a estação de base e o telemóvel, as diferentes frequências, a posição dos aparelhos, a espessura do crânio, o material condutor da mão humana, as propriedades dieléctricas do cérebro, a posição da antena, o material da antena, a distância entre o telemóvel e o cérebro dos seres vivos são os principais factores que influenciam a taxa de absorção da radiação pelo corpo humano. Discutimos aqui as diferentes posições do telemóvel, os diferentes tipos de distância entre o telemóvel e o fantoma da cabeça humana e o seu efeito com base em estudos anteriores. Mostrámos aqui que a radiação tinha sido medida utilizando o valor SAR, que quantificava o valor da radiação EM. Foi medida em termos de W/Kg.

CAPÍTULO 3
METODOLOGIAS

3.1 INTRODUÇÃO

A propriedade dieléctrica do tecido do corpo humano é altamente sensível a diferentes factores externos, como a exposição a frequências electromagnéticas. Indica o comportamento provável do tecido do corpo. Esta propriedade fixa a taxa de absorção da antena do telemóvel em direção à cabeça humana. Esta propriedade pode variar em diferentes condições, como o calor, a pressão, etc. No capítulo anterior, foi feita uma ampla discussão sobre a propriedade dieléctrica dos tecidos do corpo humano e da cabeça.

Neste estudo, a antena PIFA é utilizada para avaliar o efeito SAR da radiação do telemóvel, utilizando um modelo de fantoma SAM homogéneo. Os modelos, as dimensões, a posição e a distância da antena determinam a quantidade de radiação absorvida pela cabeça humana. Tem determinadas dimensões e uma taxa de sucesso de ressonância numa determinada frequência. A frequência de ressonância foi fixada em 900 MHz e 1800 MHz. O Microwave Studio 2015 da Computer Simulated Technology (CST) é o simulador que foi utilizado para simular a antena de ressonância com diferentes distâncias e posições em relação à cabeça humana e, posteriormente, para fornecer valores de SAR à cabeça humana devido à exposição à radiação da antena.

Este capítulo descreve a metodologia de análise da absorção específica por um modelo fantasma no campo eletromagnético emitido por um telemóvel. Este processo começa com a compreensão correta da Taxa de Absorção Específica. Em seguida, são efectuadas várias simulações, optimizações e medições.

3.2 METODOLOGIA

O fluxograma da Figura 3.1 abrevia passo a passo o processo de trabalho que foi efectuado ao longo desta tese. Posteriormente, é apresentado o algoritmo do processo.

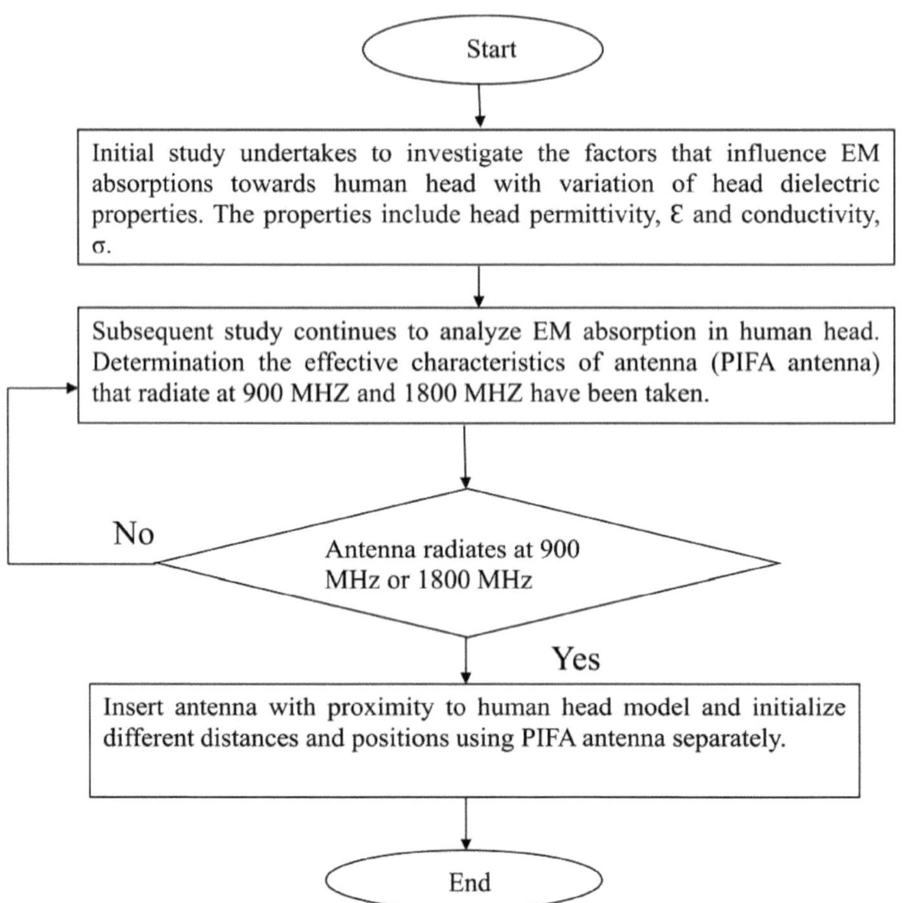

FIGURA 3.1 Fluxograma da metodologia

Algoritmo do processo:

Passo 1: Iniciar o processo

Etapa 2: O estudo inicial tem por objetivo investigar os factores que influenciam a absorção de EM pela cabeça humana com a variação das propriedades dieléctricas da cabeça. As propriedades incluem a permissividade da cabeça, £ e a condutividade, σ.

Passo 3: O estudo subsequente continua a analisar a absorção EM na cabeça humana. Foram determinadas as caraterísticas efectivas da antena (antena PIFA) que irradia a 900 MHZ e 1800 MHZ.

Se a antena irradia a 900 MHz ou 1800 MHz? em caso negativo, passar ao passo 3

Passo 4: Se sim, passar ao passo 5

Passo 5: Inserir a antena com proximidade do modelo da cabeça humana e inicializar a distância entre a antena e a cabeça humana de 0 mm até 15 mm utilizando a antena PIFA separadamente.

Passo 6: Terminar o processo

3.3 ANTENNA PIFA

Recentemente, estão a ser introduzidos muitos dispositivos sem fios para confirmar a máxima conetividade. Nesta abordagem, a antena PIFA foi introduzida na plataforma IEEE em 1987. Depois disso, é recebida cordialmente pelo seu pequeno tamanho com ampla largura de banda e alta eficiência, fácil de colocar e baixo custo de fabrico. Neste estudo, foi utilizada uma PIFA construída a partir do CST Microwave Studio 2015, que pode funcionar nas frequências GSM 900 MHz e 1800 MHz.

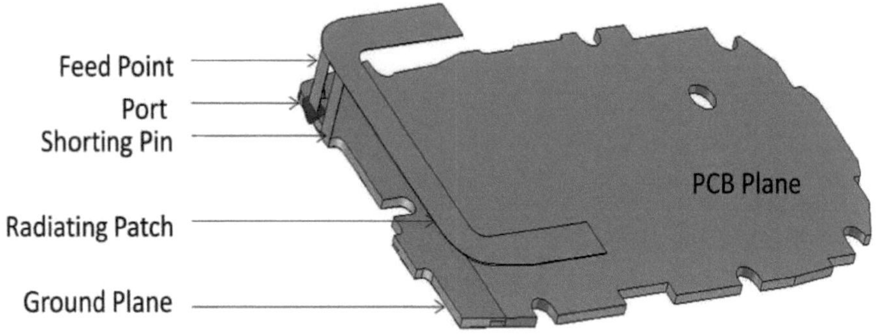

FIGURA 3.2 Antena PIFA de banda dupla

A figura 3.2 ilustra uma antena PIFA de banda dupla. A formação da antena PIFA inclui a mancha radiante, o pino de curto-circuito, o ponto de alimentação com porta e o plano de terra, etc. Os sinais de radiofrequência ou as ondas de radiação electromagnética são descarregados a partir da mancha radiante.

O ponto de alimentação e o curto-circuito são colocados verticalmente no plano de terra e no plano da PCB (placa de circuitos impressos). A placa de circuito impresso é uma camada estreita com 7 mm de altura e 0,02 mm de largura. Funciona como o plano de base que contém os circuitos do telemóvel. O ponto de alimentação e o pino de curto-circuito têm 2 mm de largura e as suas alturas são de 7 mm e 8 mm, respetivamente. Estão colocados a 1,5 mm de distância um do outro. A porta agrupada com o ponto de alimentação, alimenta a mancha radiante fornecendo tensão e corrente (Anon 2008). A mancha radiante é colocada 8 mm acima do plano e fixada com o ponto de alimentação e o pino de curto-circuito.

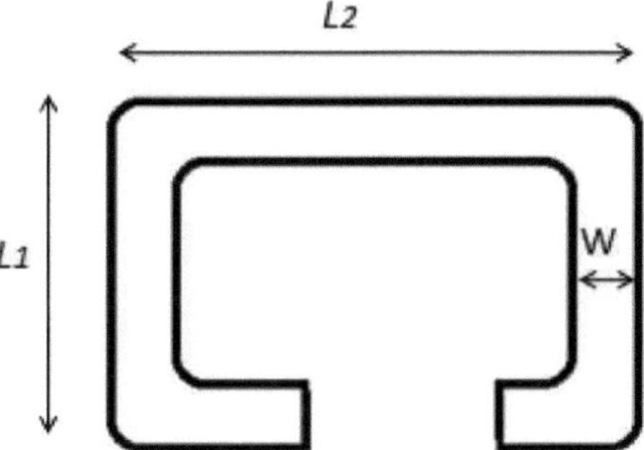

FIGURA 3.3 Dimensões da mancha radiante da antenaPIFA

Figura 3.3 ilustra o bloco de construção básico da mancha radiante da antena PIFA. Aqui, L_1, L_2 e W são o comprimento, a largura e a largura interna da PIFA, respetivamente. Cada uma destas dimensões é de 28 mm, 40 mm e 5 mm, respetivamente. Com estas dimensões, a PIFA entra em ressonância em várias bandas de frequência GSM.

3.4 SAM PHANTOM

O fantoma do Manequim Antropomórfico Específico (SAM) é o modelo mais simples de fantoma homogéneo. É constituído por duas camadas. A camada mais externa é feita de uma concha de plástico e a camada interna é preenchida com líquido estimulante de tecidos (TSL) (CST 2015). O TSL é um líquido específico que representa a estrutura interna mais simples e mais geral do corpo e tem propriedades dieléctricas específicas. A Figura 3.4 seguinte ilustra os fantomas de cabeça SAM.

Neste estudo, são utilizados dois tipos de fantoma de cabeça. Um é um fantoma de cabeça de adulto com 241×260×222 mm de dimensão. O outro é uma cabeça de criança. O seu tamanho é de aproximadamente 202×238×185 mm. A cabeça de criança é aproximadamente 36% mais pequena do que a cabeça de adulto.

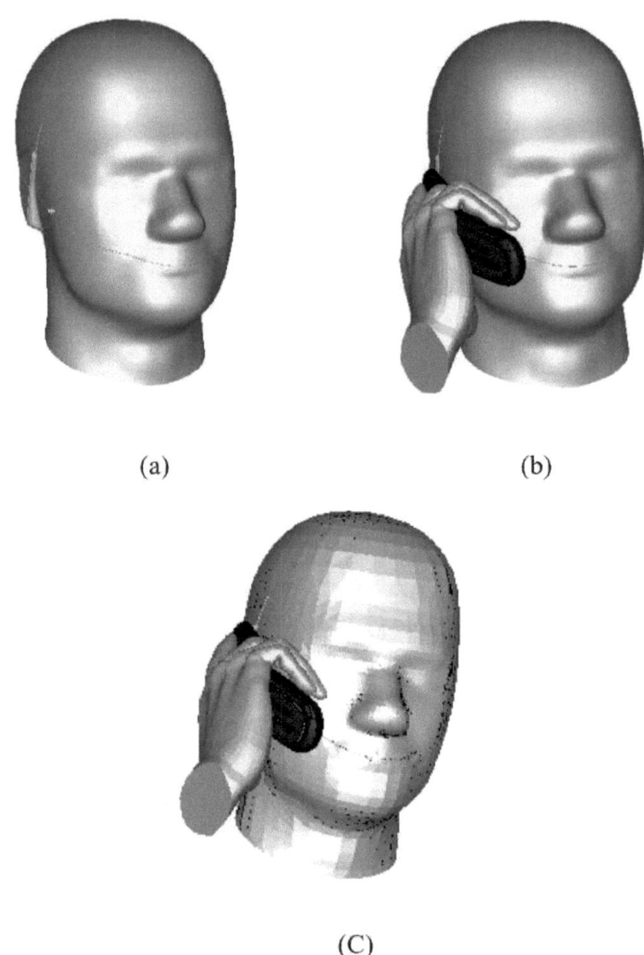

(C)

FIGURA 3.4 (a) Modelo de cabeça do fantoma SAM de adulto sem a mão (b) Fantoma SAM de adulto com a mão (c) Fantoma SAM de criança com a mão no Microwave Studio

É também considerado um modelo de mão homogéneo com o fantoma da cabeça que segura o telefone. Trata-se de um modelo incorporado disponível no CST Microwave Studio 2015. A Figura 3.5 ilustra o modelo de mão homogénea.

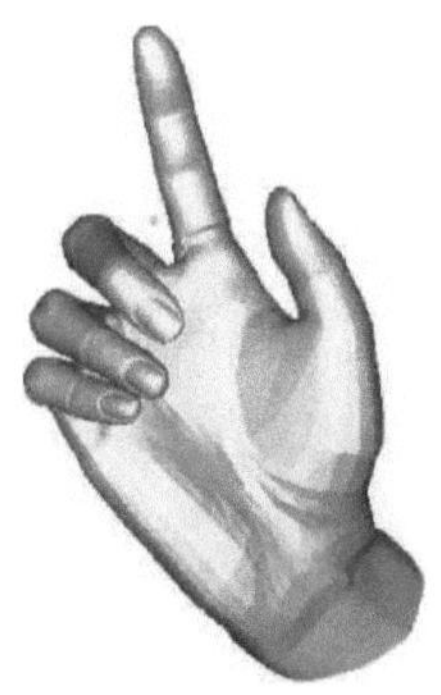

FIGURA 3.5 modelo de mão homogénea no CST Microwave Studio

TABELA 3.1 Propriedades eléctricas dos tecidos biológicos utilizados

Material Name	Properties
Head Fluid	Mu 1 Rho 1000 [kg/m^3]
Shell	Epsilon 3.7 Mu 1 Electric cond. 0.0016 [S/m]
Hand	Epsilon 20 Mu 1 Electric cond. 1 [S/m]

3.5 TELEFONE MÓVEL

Foi utilizado um telemóvel dobrável, integrado no software de simulação MW, que funciona como um telemóvel do mundo real. A figura 3.6 mostra o modelo de telemóvel disponível no CST Microwave Studio 2015. A antena utilizada no telemóvel satisfaz as diretrizes SAR, que são 0,73 W/Kg e 0,269W/Kg a 1800MHz e 900MHz, respetivamente.

FIGURA 3.6Um modelo de telemóvel da CST

QUADRO 3.2 Propriedades dos aparelhos móveis

Component Name	Material Name	Material Properties
Circuit component	PEC	Perfect Electric Conductor
PCB Board	FR-4	Epsilon 4.9 Mu 1
Mobile housing	Plastic	Epsilon 2.5 Mu 1
Battery	PEC	Perfect Electric Conductor
Cover	Plastic	Epsilon 2.5 Mu 1
Main Body	Plastic	Epsilon 2.5 Mu 1

Key Board	Rubber	Epsilon 3.5 Mu 1 Electric cond. 0.005 [S/m]
Key Lighter	LCD film	Epsilon 4.78 Mu 1
Screw Cap	Rubber	Epsilon 3.5 Mu 1 Electric cond. 0.005 [S/m]
LCD Glass	LCD film	Epsilon 4.78 Mu 1

3.6 Desempenho da antena com SAM Phantom móvel integrado

Os desempenhos da antena utilizada na simulação foram analisados utilizando o fantoma SAM. O coeficiente de reflexão da antena utilizada é apresentado na Figura 3.7. A Figura 3.7 mostra que a antena pode funcionar nas bandas de frequência GSM de 900 MHz e 1800 MHz. Além disso, a distribuição E-filed também é demonstrada para visualizar a região de funcionamento. Além disso, a directividade de campo distante a 900 MHz e 1800 MHz também é verificada. A Figura 3.8 e a Figura 3.9 mostram que a antena apresenta um desempenho mais diretivo a 1800 MHz do que a 900 MHz.

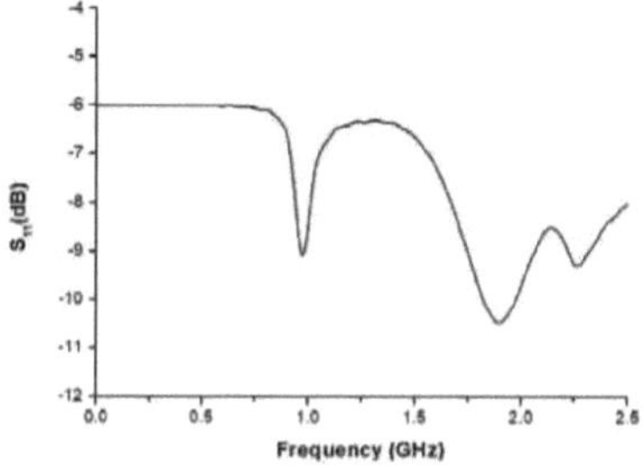

FIGURA 3.7 Coeficiente de reflexão da antena utilizada na simulação

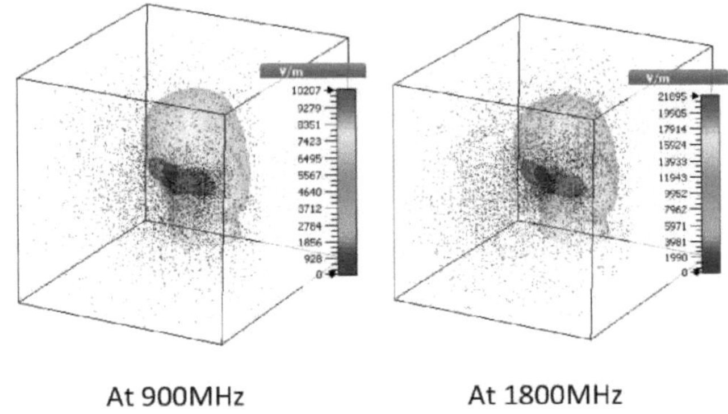

FIGURA 3.8 Distribuição do campo elétrico da antena utilizada na simulação

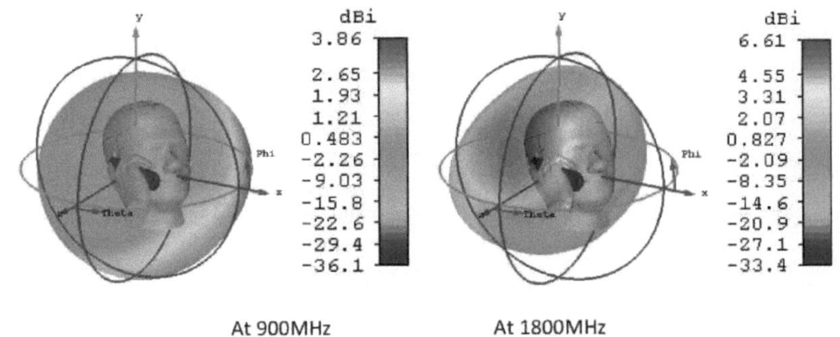

FIGURA 3.9 Directividade de campo distante da antena utilizada na simulação

3.7 RESUMO

Este capítulo abordou a metodologia. As ferramentas e os modelos necessários para prosseguir esta metodologia também são discutidos. Os modelos são o phantom SAM de cabeça homogénea com um modelo de mão e um modelo de telemóvel com antena. Tanto o modelo da cabeça como o da antena estão disponíveis no CST Microwave Studio 2015. São ligados em conjunto para serem submetidos ao processo de simulação. A análise posterior é efectuada com todos os valores SAR obtidos em todo o estudo.

CAPÍTULO 4
RESULTADOS E DISCUSSÃO

4.1 INTRODUÇÃO

Neste capítulo, é investigada a absorção da radiação EM da antena do telemóvel na cabeça humana a diferentes distâncias e em diferentes posições. Por exemplo, uma cabeça humana adulta saudável, uma cabeça adulta com um tumor e um simulador de cabeça de criança foram considerados nas simulações de análise de absorção EM. Os modelos de cabeça foram expostos a frequências de 900 MHz e 1800 MHz e os resultados obtidos foram registados para 1 g e 10 g.

Este estudo foi realizado utilizando o fantoma SAM disponível no CST Microwave Studio 2015, que foi imposto com ondas EM irradiadas a partir da antena de um telemóvel. As ondas depositadas no modelo de cabeça humana foram quantificadas em termos de valores de SAR. Os valores de SAR foram calculados para vários casos. Em primeiro lugar, os valores de SAR foram calculados para uma cabeça de adulto saudável com um modelo de mão a partir de uma distância separada desde a posição de referência (considerada como 0 mm) até 15 mm de distância da posição de referência e a partir de uma posição separada de 0° até 25° . Em segundo lugar, uma cabeça de adulto que contém um tumor, com um modelo de mão, foi observada a partir de distâncias separadas desde a posição de referência (considerada como 0 mm) até 15 mm de distância da posição de referência e a partir de uma posição separada de 0o a 25o. Em terceiro lugar, foi efectuada uma comparação entre estes dois tipos de valores de SAR. Em quarto lugar, foram observados os valores de SAR para o modelo de cabeça de adulto saudável sem modelo de mão a partir de diferentes distâncias e posições. Em quinto lugar, foi efectuada uma comparação entre os valores de SAR dos modelos de cabeça de adulto com mão e sem mão. Além disso, foi investigada a taxa de absorção específica de um fantoma de cabeça de criança para diferentes idades. Em sétimo lugar, foi efectuada uma comparação da absorção EM entre o fantoma de cabeça de adulto e de criança.

Inicialmente, era essencial garantir que a antena ressoasse adequadamente na exposição à frequência pretendida. Isto deve-se ao facto de a eficácia de uma determinada antena impor um efeito significativo no cálculo do valor SAR. Para começar, a antena foi configurada para irradiar nas bandas de frequência GSM que eram 900 MHz e 1800 MHz. Os valores SAR de 1g da antena de telemóvel utilizada na posição normal são 0,73 W/Kg e 0,269 W/Kg para 1800 MHz e 900 MHz, valores que são considerados como valores de referência para a investigação.

4.2 VALORES SAR DE ABSORÇÃO DE ONDAS ELECTROMAGNÉTICAS NA CABEÇA HUMANA A PARTIR DE DIFERENTES DISTÂNCIAS E POSIÇÕES

No início do trabalho, é investigada a absorção da radiação na direção da cabeça humana. Neste trabalho, é utilizada uma única antena PIFA exposta a 900 MHz e 1800 MHz. Os resultados são registados para diferentes condições de cabeça para 1 g e 10 g. As figuras e tabelas de todas as simulações de SAR são incluídas neste capítulo. Além disso, as comparações entre elas são também representadas numa figura gráfica.

4.2.1 SAR para modelo de cabeça de adulto saudável com a mão em diferentes distâncias

A Figura 4.1 mostra os valores SAR de um modelo de cabeça humana adulta a partir de diferentes distâncias. A Figura 4.1 (a) mostra o telemóvel a 0 mm de distância da cabeça. A 1800 MHz, o valor SAR registou 0,73 W/kg para 1g e 0,446 W/kg para 10g. A 900 MHz, o valor SAR registou 0,269 W/kg para 1g e 0,558 W/kg para 10g. A figura 4.1 (b) é apresentada quando o telemóvel está a 3 mm de distância da cabeça. A 1800 MHz, o valor SAR registado foi de 0,545 W/kg para 1g e de 0,322 W/kg para 10g. A 900 MHz, o valor SAR registado foi de 0,205 W/kg para lg e 0,457 W/kg para 10g. A figura 4.1 (c) refere-se a uma distância de 6 mm entre o telemóvel e a cabeça. A 1800

MHz, o valor SAR registado foi de 0,392 W/kg para 1g e de 0,241 W/kg para 10g. A 900 MHz, o valor SAR registou 0,169 W/kg para 1g e 0,368 W/kg para 10g. A figura 4.1 (d) é apresentada quando o telemóvel está a 9 mm de distância da cabeça. A 1800 MHz, o valor SAR registado foi de 0,278 W/kg para 1g e de 0,176 W/kg para 10g. A 900 MHz, o valor SAR registado é de 0,133 W/kg para 1g e de 0,299 W/kg para 10g. A figura 4.1 (e) é apresentada quando o telemóvel está a 12 mm de distância da cabeça. A 1800 MHz, o valor SAR registado foi de 0,209 W/kg para 1g e de 0,133 W/kg para 10g. A 900 MHz, o valor SAR registado foi de 0,114 W/kg para 1g e de 0,246 W/kg para 10g. A figura 4.1 (f) é apresentada quando o telemóvel está a 15 mm de distância da cabeça. A 1800 MHz, o valor SAR registado foi de 0,169 W/kg para 1g e de 0,104 W/kg para 10g. A 900 MHz, o valor SAR registou 0,0958 W/kg para 1g e 0,201 W/kg para 10g.

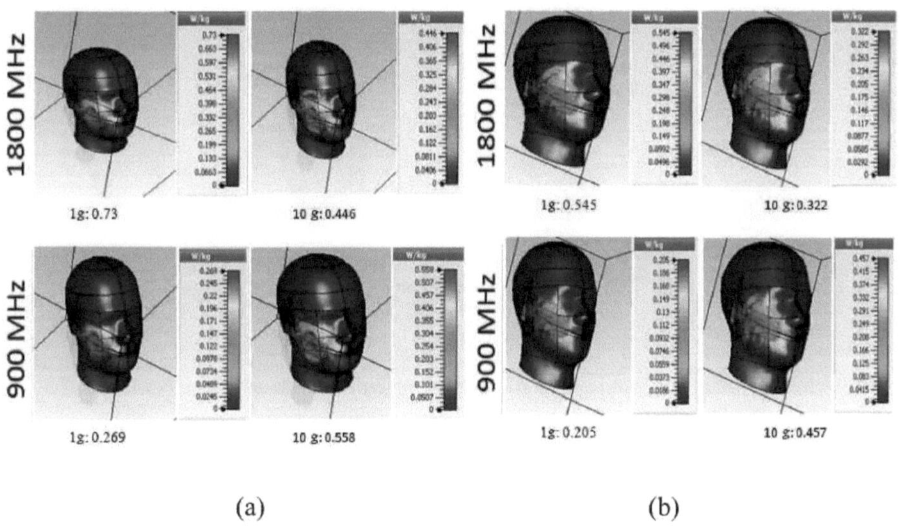

(a) (b)

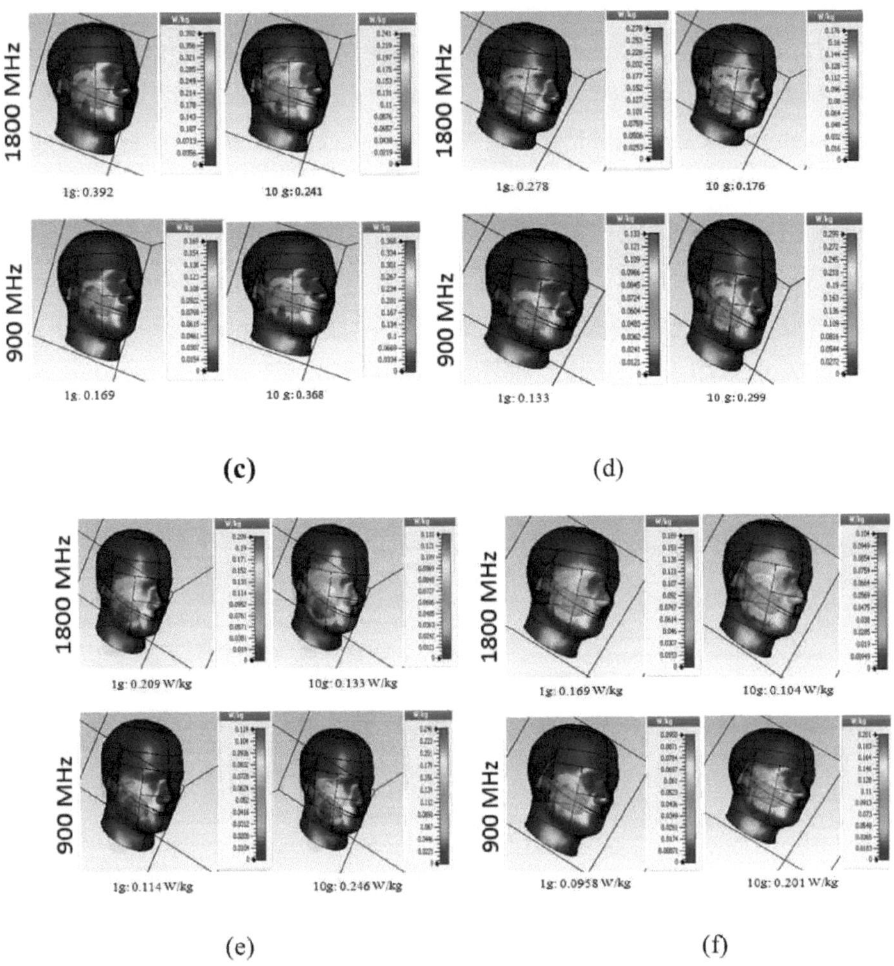

FIGURA 4.1 Valores SAR para a cabeça humana adulta saudável com a mão a diferentes distâncias (a) 0 mm (b) 3 mm (c) 6 mm (d) 9 mm (e) 12 mm (f) 15 mm

4.2.2 SAR para a cabeça de um adulto saudável com a mão em diferentes posições de preenchimento

A Figura 4.2 mostra os valores de SAR de um modelo de cabeça humana adulta a partir de diferentes posições de inclinação. A Figura 4.2 (a) mostra o telemóvel numa posição de 5° de inclinação. A 1800 MHz, o valor SAR registou 0,17 W/kg para 1g e 0,108 W/kg para 10g. A 900 MHz, o valor SAR registou 0,095 W/kg para 1g e 0,202 W/kg para 10g. A figura 4.2 (b) é apresentada quando o telemóvel está na posição de 10° de inclinação. A 1800 MHz, o valor SAR registado foi de 0,184 W/kg para 1g e de 0,111 W/kg para 10g. A 900 MHz, o valor SAR registou 0,0946 W/kg para 1g e 0,202 W/kg para 10g. A figura 4.2 (c) mostra o telemóvel na posição de 15° de inclinação. A 1800 MHz, o valor SAR registado foi de 0,202 W/kg para 1g e de 0,121 W/kg para 10g. A 900 MHz, o valor SAR registou 0,0992 W/kg para 1g e 0,213 W/kg para 10g. A figura 4.2 (d) mostra o telemóvel na posição de 20° de inclinação. A 1800 MHz, o valor SAR registado foi de 0,221 W/kg para 1g e de 0,134 W/kg para 10g. A 900 MHz, o valor SAR registado foi de 0,103 W/kg para 1g e 0,224 W/kg para 10g. A figura 4.2 (e) é apresentada quando o telemóvel está na posição de 25° de inclinação. A 1800 MHz, o valor SAR registado foi de 0,253 W/kg para 1g e de 0,156 W/kg para 10g. A 900 MHz, o valor SAR registou 0,108 W/kg para 1g e 0,244 W/kg para 10g.

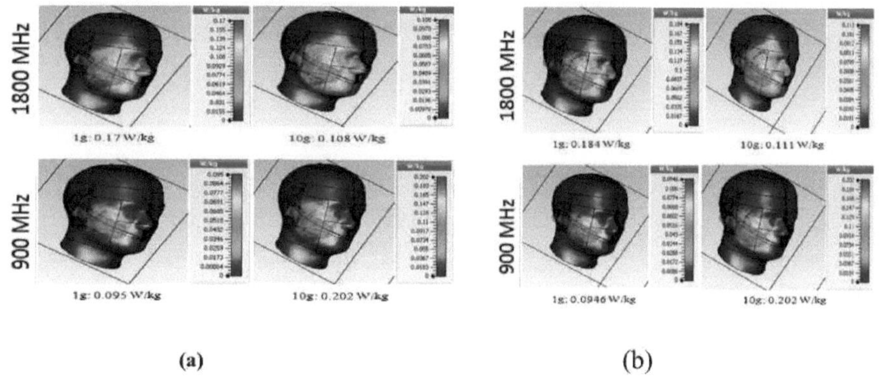

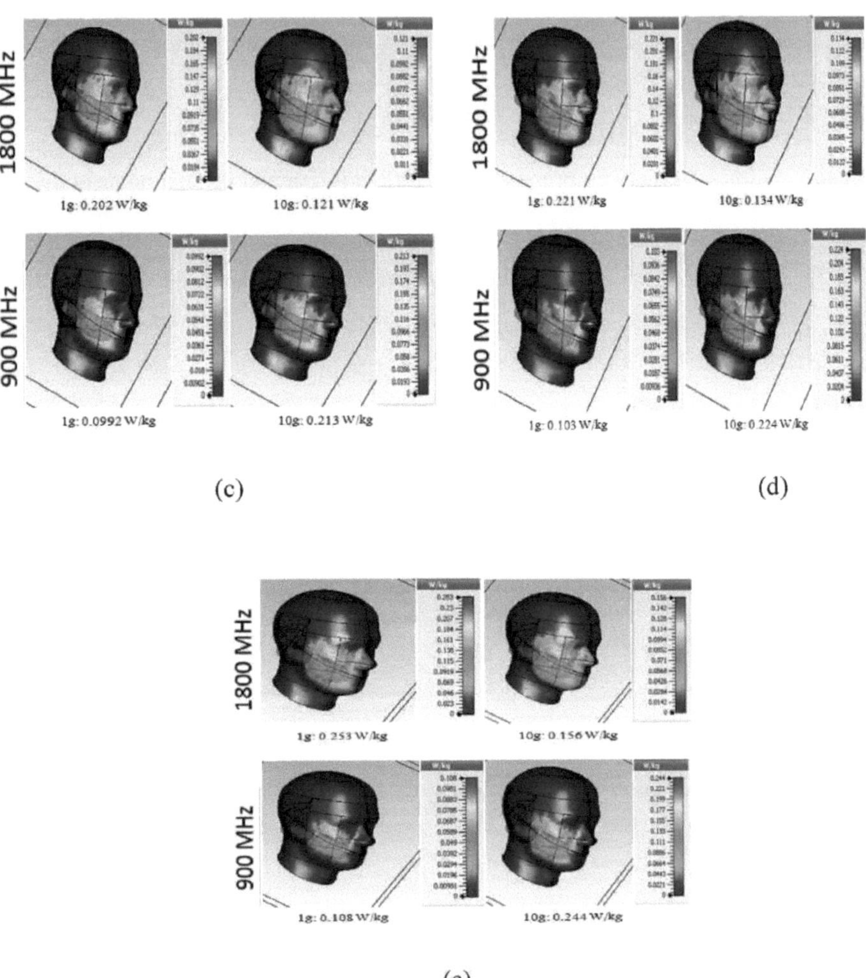

FIGURA 4.2 Valores SAR para a cabeça humana adulta saudável com a mão em diferentes
posições de cultivo
(a) 5° (b) 10° (c) 15° (d) 20° (e) 25°

A Tabela 4.1 e a Tabela 4.2 mostram o valor de cada distância diferente e de cada posição de inclinação diferente do telemóvel, respetivamente. Os valores SAR estão representados na unidade W/Kg.

QUADRO 4.1 Valor SAR do telemóvel a diferentes distâncias para a cabeça de um adulto saudável com a mão.

MHz		0 mm	3 mm	6 mm	9 mm	12 mm	15 mm
1800	1 g	0.73	0.545	0.392	0.278	0.209	0.169
	10 g	0.446	0.322	0.241	0.176	0.133	0.104
900	1 g	0.269	0.205	0.169	0.133	0.114	0.0958
	10 g	0.558	0.457	0.368	0.299	0.246	0.201

QUADRO 4.2 Valores SAR para diferentes posições de inclinação do telemóvel para uma cabeça de adulto saudável com a mão.

MHz		0°	5°	10°	15°	20°	25°
1800	1 g	0.169	0.17	0.184	0.202	0.221	0.253
	10 g	0.104	0.108	0.111	0.121	0.134	0.156
900	1 g	0.0958	0.095	0.0946	0.0992	0.103	0.108
	10 g	0.201	0.2018	0.202	0.213	0.224	0.244

No quadro 4.1, o valor SAR diminui gradualmente quando a distância aumenta. Isto deve-se ao facto de, quando a distância aumenta, a radiação se tornar mais baixa na cabeça. Consequentemente, a quantidade de penetração da radiação torna-se menor. No quadro 4.2, o valor SAR aumenta com o aumento do ângulo ou da posição de lavoura. Porque quando o ângulo aumenta, a radiação penetra diretamente na cabeça humana.

4.2.3 SAR para modelo de cabeça de adulto com tumor a diferentes distâncias

Neste estudo, é colocado um tumor no interior da cabeça, cuja propriedade dieléctrica é £=60. A Figura 4.3 mostra os valores SAR do modelo de cabeça com um tumor a diferentes distâncias. A Figura 4.3 (a) é apresentada quando o telemóvel está a 0 mm de distância da cabeça. A 1800 MHz, o valor SAR registou 0,753 W/kg para 1g e 0,911 W/kg para 10g. A 900 MHz, o valor SAR registou 0,63 W/kg para 1g e 0,609 W/kg para 10g. A figura 4.3 (b) é apresentada quando o telemóvel está a 3 mm de distância da cabeça. A 1800 MHz, o valor SAR registado foi de 0,554 W/kg para 1g e de 0,339 W/kg para 10g. A 900 MHz, o valor SAR registou 0,241 W/kg para 1g e 0,475 W/kg para 10g. A figura 4.3 (c) refere-se a uma distância de 6 mm entre o telemóvel e a cabeça. A 1800 MHz, o valor SAR registado foi de 0,401 W/kg para 1g e de 0,243 W/kg para 10g. A 900 MHz, o valor SAR registou 0,191 W/kg para 1g e 0,389 W/kg para 10g. A figura 4.3 (d) refere-se a uma distância de 9 mm entre o telemóvel e a cabeça. A 1800 MHz, o valor SAR registado foi de 0,278 W/kg para 1g e de 0,183 W/kg para 10g. A 900 MHz, o valor SAR registado é de 0,158 W/kg para 1g e de 0,323 W/kg para 10g. A figura 4.3 (e) é apresentada quando o telemóvel está a 12 mm de distância da cabeça. A 1800 MHz, o valor SAR registado foi de 0,213 W/kg para 1g e de 0,133 W/kg para 10g. A 900 MHz, o valor SAR registado é de 0,129 W/kg para 1g e de 0,262 W/kg para 10g. A figura 4.3 (f) é apresentada quando o telemóvel está a 15 mm de distância da cabeça. A 1800 MHz, o valor SAR registado foi de 0,161 W/kg para 1g e de 0,103 W/kg para 10g. A 900 MHz, o valor SAR registou 0,109 W/kg para 1g e 0,0789 W/kg para 10g.

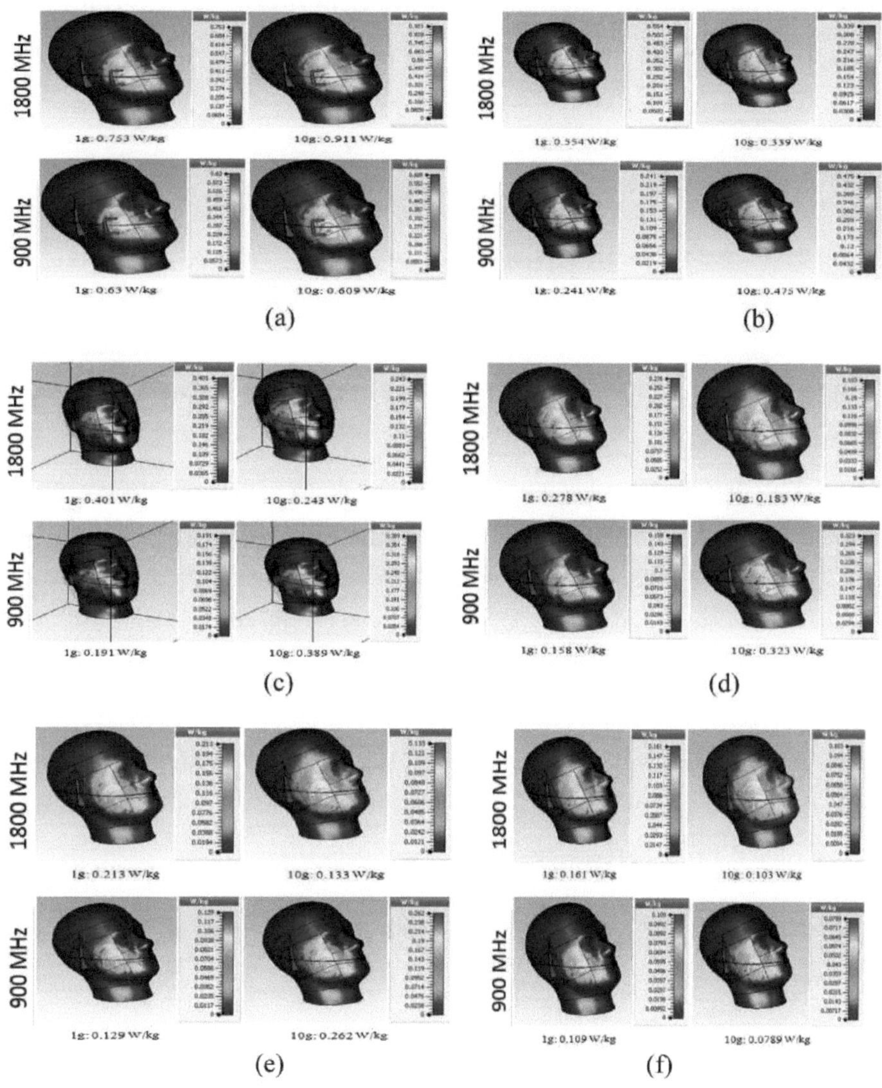

FIGURA 4.3 Valores SAR para a cabeça humana adulta com tumor a partir de diferentes distâncias (a) 0 mm (b) 3 mm (c) 6 mm (d) 9 mm (e) 12 mm (f) 15 mm

4.2.4 SAR para a cabeça humana adulta com tumor em diferentes solos Cargos

A Figura 4.4 mostra os valores de SAR de um modelo de cabeça humana com um tumor em diferentes posições de inclinação. A Figura 4.4 (a) mostra o telemóvel numa posição de 5° . A 1800 MHz, o valor SAR registou 0,185 W/kg para 1g e 0,113 W/kg para 10g. A 900 MHz, o valor SAR registou 0,11 W/kg para 1g e 0,204 W/kg para 10g. A figura 4.4 (b) é apresentada quando o telemóvel está na posição de 10o de inclinação. A 1800 MHz, o valor SAR registado foi de 0,193 W/kg para 1g e de 0,123 W/kg para 10g. A 900 MHz, o valor SAR registou 0,114 W/kg para 1g e 0,217 W/kg para 10g. A figura 4.4 (c) mostra que o telemóvel está na posição de 15o de inclinação. Nos 1800 MHz, o valor SAR registado foi de 0,214 W/kg para 1g e de 0,128 W/kg para 10g. A 900 MHz, o valor SAR registado foi de 0,118 W/kg para 1g e de 0,22 W/kg para 10g. A figura 4.4 (d) mostra que o telemóvel está na posição de 20o de inclinação. A 1800 MHz, o valor SAR registado foi de 0,245 W/kg para 1g e de 0,149 W/kg para 10g. A 900 MHz, o valor SAR registou 0,124 W/kg para 1g e 0,233 W/kg para 10g. A figura 4.4 (e) mostra o telemóvel numa posição inclinada de 25o. A 1800 MHz, o valor SAR registado foi de 0,207 W/kg para 1g e de 0,131 W/kg para 10g. A 900 MHz, o valor SAR registou 0,107 W/kg para 1g e 0,207 W/kg para 10g.

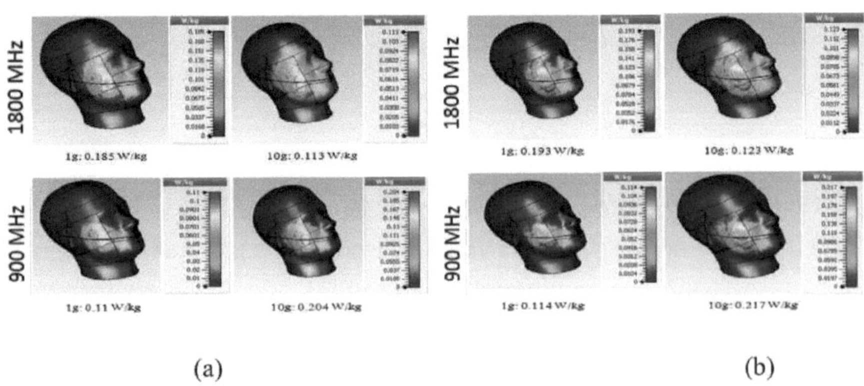

(a) (b)

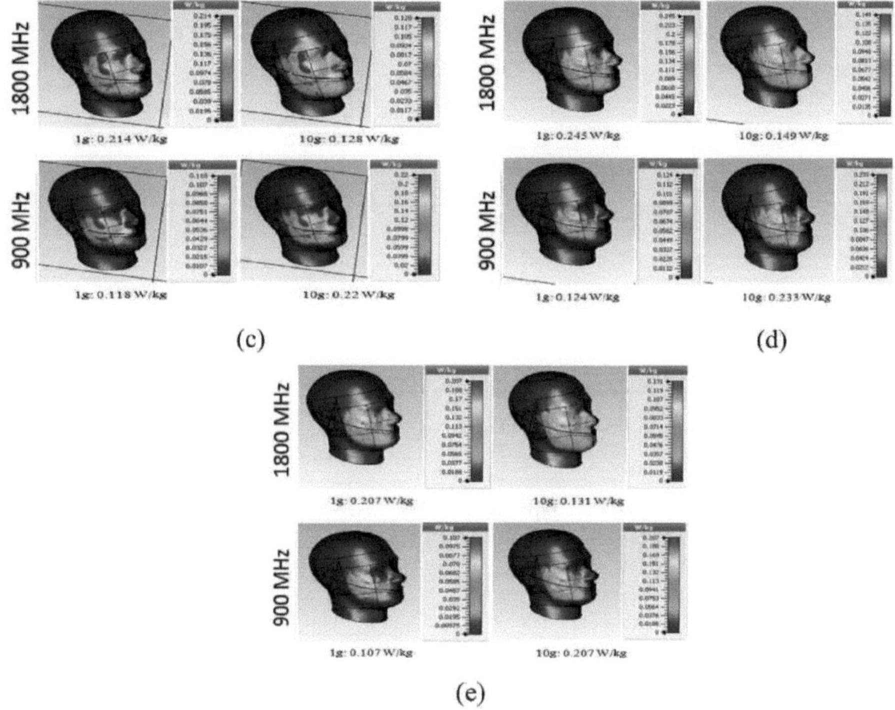

FIGURA 4.4 Valores SAR para cabeça humana adulta com tumor em diferentes posições (a) 5° (b) 10° (c) 15° (d) 20° (e) 25

TABELA 4.3 e a Tabela 4.4 mostram o valor de cada distância diferente e de cada posição de inclinação diferente do telemóvel, respetivamente. Os valores SAR estão representados na unidade W/Kg.

TABELA 4.4 Valor SAR do telemóvel para diferentes distâncias na cabeça humana adulta com tumor.

MHz		0 mm	3 mm	6 mm	9 mm	12 mm	15 mm
1800	1 g	0.753	0.554	0.401	0.278	0.213	0.161
	10 g	0.911	0.339	0.243	0.183	0.133	0.103
900	1 g	0.63	0.241	0.191	0.158	0.129	0.109
	10 g	0.609	0.475	0.389	0.323	0.262	0.0789

TABELA 4.5 Valores SAR para diferentes posições de inclinação do telemóvel para uma cabeça humana adulta saudável com tumor

MHz		0°	5°	10°	15°	20°	25°
1800	1 g	0.161	0.185	0.193	0.214	0.245	0.207
	10 g	0.103	0.113	0.123	0.128	0.149	0.131
900	1 g	0.109	0.11	0.114	0.118	0.124	0.107
	10 g	0.0789	0.204	0.217	0.22	0.233	0.207

4.2.5 Comparações entre os valores SAR da cabeça saudável e da cabeça com tumor

É efectuada uma comparação entre a cabeça de um adulto saudável e a cabeça de um tumor para 10 g de unidade de massa. A partir da comparação, conclui-se que a penetração na cabeça do cancro é superior à da cabeça saudável. Também se pode dizer que o valor SAR é mais elevado em 900 MHz do que em 1800 MHz. As comparações em diferentes distâncias e posições são apresentadas na Figura 4.5 (a) e na Figura 4.5 (b), respetivamente.

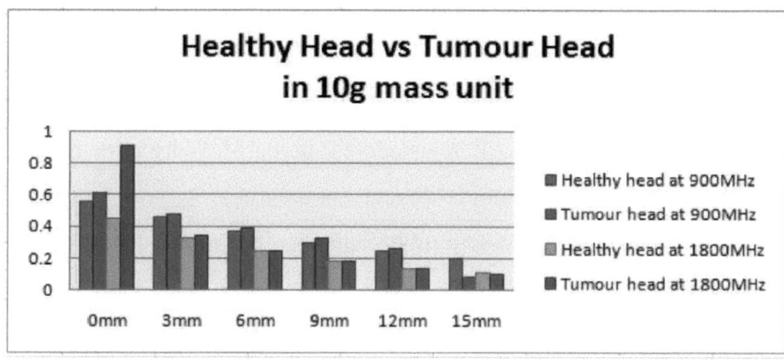

(a)

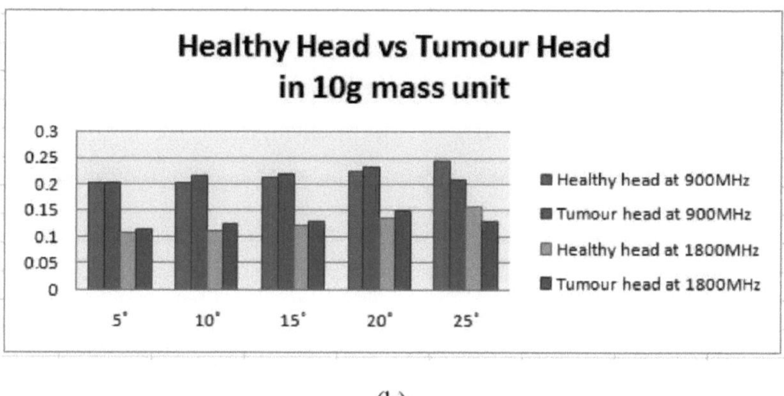

(b)

FIGURA 4.5 Comparações entre os valores SAR da cabeça saudável e da cabeça do tumor (a)
diferentes distâncias (b) diferentes posições

4.2.6 SAR para cabeça humana adulta saudável sem mão em diferentes distâncias

A Figura 4.6 mostra os valores de SAR de um modelo de cabeça humana adulta sem a mão a partir de diferentes distâncias. A Figura 4.6 (a) mostra o telemóvel a 0 mm de distância da cabeça. A 1800 MHz, o valor da SAR registou 0,544 W/kg para 1g e 0,344 W/kg para 10g. A 900 MHz, o valor SAR registou 0,0685 W/kg para 1g e 0,715 W/kg para 10g. A figura 4.6 (b) refere-se a uma distância de 3 mm entre o telemóvel e a cabeça. A 1800 MHz, o valor SAR registado foi de 0,384 W/kg para 1g e de 0,241 W/kg para 10g. A 900 MHz, o valor SAR registou 0,0556 W/kg para 1g e 0,709 W/kg para 10g. A figura 4.6 (c) refere-se a uma distância de 6 mm entre o telemóvel e a cabeça. A 1800 MHz, o valor SAR registado foi de 0,281 W/kg para 1g e de 0,183 W/kg para 10g. A 900 MHz, o valor SAR registou 0,0454 W/kg para 1g e 0,593 W/kg para 10g. A figura 4.6 (d) refere-se a uma distância de 9 mm entre o telemóvel e a cabeça. A 1800 MHz, o valor SAR registado foi de 0,213 W/kg para 1g e de 0,142 W/kg para 10g. A 900 MHz, o valor SAR registado é de 0,355 W/kg para 1g e de 0,474 W/kg para 10g. A figura 4.6 (e) é apresentada quando o telemóvel está a 12 mm de distância da cabeça. A 1800 MHz, o valor SAR registado foi de 0,172 W/kg para 1g e de 0,113 W/kg para 10g. A 900 MHz, o valor SAR registou 0,0298 W/kg para 1g e 0,39 W/kg para 10g. A figura 4.6 (f) é apresentada quando o telemóvel está a 15 mm de distância da cabeça. A 1800 MHz, o valor SAR registado foi de 0,185 W/kg para 1g e de 0,114 W/kg para 10g. A 900 MHz, o valor SAR registou 0,0269 W/kg para 1g e 0,357 W/kg para 10g.

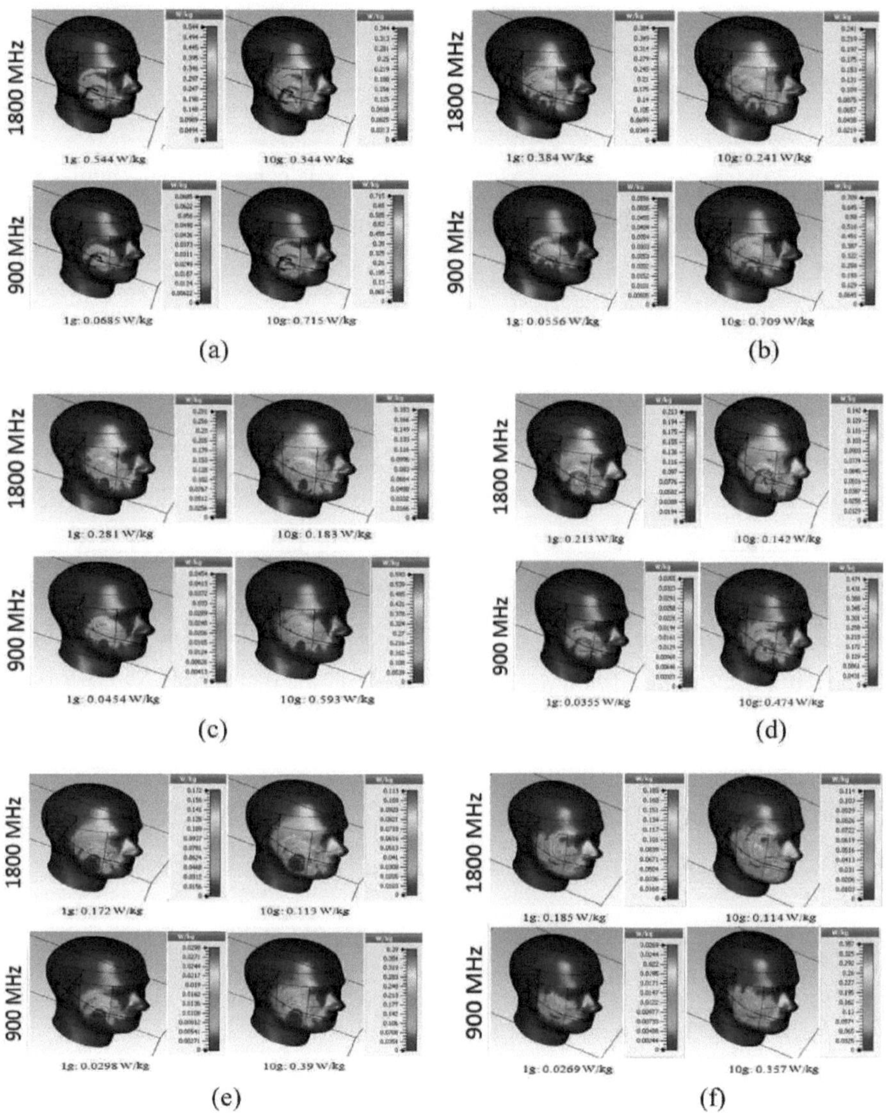

FIGURA 4.6 Valores SAR para a cabeça humana adulta sem a mão a partir de diferentes distâncias (a) 0 mm (b) 3 mm (c) 6 mm (d) 9 mm (e) 12 mm (f) 15 mm

4.2.7 SAR para cabeça humana adulta saudável sem mão em diferentes Posições lavradas

A Figura 4.7 mostra os valores de SAR de um modelo de cabeça humana adulta sem a mão a partir de diferentes distâncias. A Figura 4.7 (a) é apresentada quando o telemóvel está na posição de 5° . A 1800 MHz, o valor de SAR registou 0,148 W/kg para 1g e 0,0966 W/kg para 10g. A 900 MHz, o valor SAR registou 0,0248 W/kg para 1g e 0,29 W/kg para 10g. A figura 4.7 (b) mostra que o telemóvel está na posição de 10o de inclinação. A 1800 MHz, o valor SAR registado foi de 0,166 W/kg para 1g e de 0,103 W/kg para 10g. A 900 MHz, o valor SAR registou 0,0254 W/kg para 1g e 0,316 W/kg para 10g. A figura 4.7 (c) mostra que o telemóvel está numa posição inclinada de 15o. A 1800 MHz, o valor SAR registado foi de 0,139 W/kg para 1g e de 0,0924 W/kg para 10g. A 900 MHz, o valor SAR registou 0,0243 W/kg para 1g e 0,286 W/kg para 10g. A figura 4.7 (d) mostra que o telemóvel está na posição de 20o de inclinação. A 1800 MHz, o valor SAR registado foi de 0,202 W/kg para 1g e de 0,126 W/kg para 10g. A 900 MHz, o valor SAR registou 0,0285 W/kg para 1g e 0,386 W/kg para 10g. A figura 4.7 (e) é apresentada quando o telemóvel está numa posição inclinada de 25o. A 1800 MHz, o valor SAR registado foi de 0,235 W/kg para 1g e de 0,15 W/kg para 10g. A 900 MHz, o valor SAR registou 0,0304 W/kg para 1g e 0,418 W/kg para 10g.

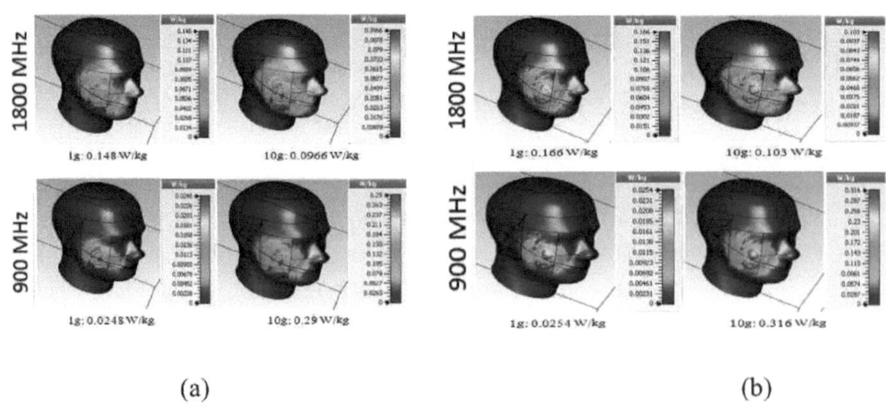

(a) (b)

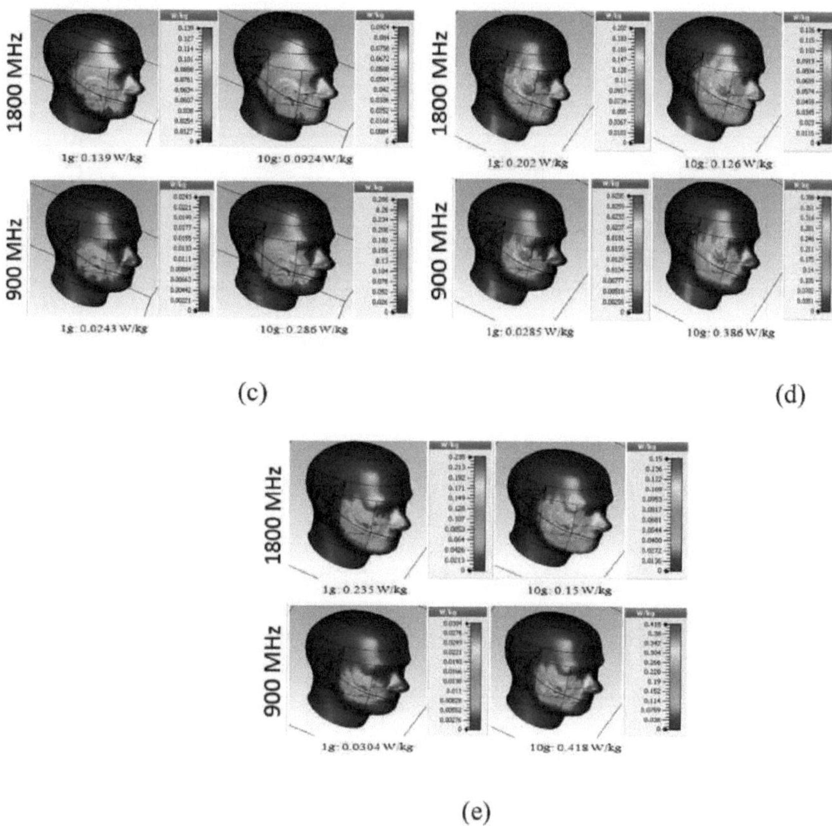

FIGURA 4.7 Valores SAR para a cabeça humana adulta sem a mão em diferentes posições de cultivo
(a) 5° (b) 10° (c) 15° (d) 20° (e) 25°

A Tabela 4.5 e a Tabela 4.6 mostram o valor de cada distância diferente e de cada posição de inclinação diferente do telemóvel, respetivamente. Os valores SAR estão representados na unidade W/Kg.

TABELA 4.5 Valor SAR do telemóvel para diferentes distâncias do modelo da cabeça sem mão

MHz		0 mm	3 mm	6 mm	9 mm	12 mm	15 mm
1800	1 g	0.544	0.384	0.281	0.213	0.172	0.139
	10 g	0.344	0.241	0.183	0.142	0.133	0.0924
900	1 g	0.0685	0.0556	0.0454	0.0355	0.0298	0.0243
	10 g	0.715	0.709	0.593	0.474	0.39	0.286

QUADRO 4.6 Valores SAR para diferentes posições de inclinação do telemóvel para uma cabeça humana adulta saudável sem mãos

MHz		0°	5°	10°	15°	20°	25°
1800	1 g	0.139	0.148	0.166	0.185	0.202	0.235
	10 g	0.0924	0.0966	0.103	0.114	0.126	0.15
900	1 g	0.0243	0.0248	0.0254	0.0269	0.0285	0.0304
	10 g	0.286	0.29	0.316	0.357	0.386	0.418

4.2.8 Comparações entre os valores SAR da cabeça de um adulto saudável com a mão e sem a mão

É efectuada uma comparação entre uma cabeça saudável com mão e sem mão para 10 g de unidade de massa. A partir da comparação, conclui-se que a penetração na cabeça com o modelo de mão é inferior à do modelo sem mão. Também se pode dizer que o valor SAR é mais elevado em 900 MHz do que em 1800 MHz. As comparações em diferentes distâncias e posições são apresentadas na Figura 4.8 (a) e na Figura 4.8 (b), respetivamente.

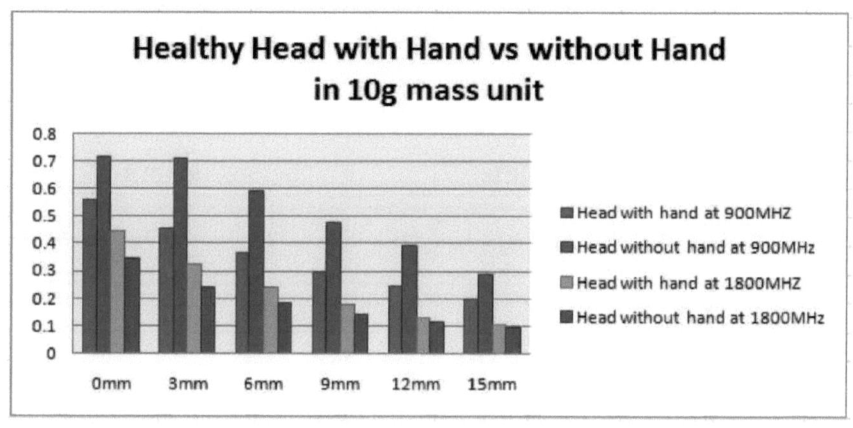

(a)

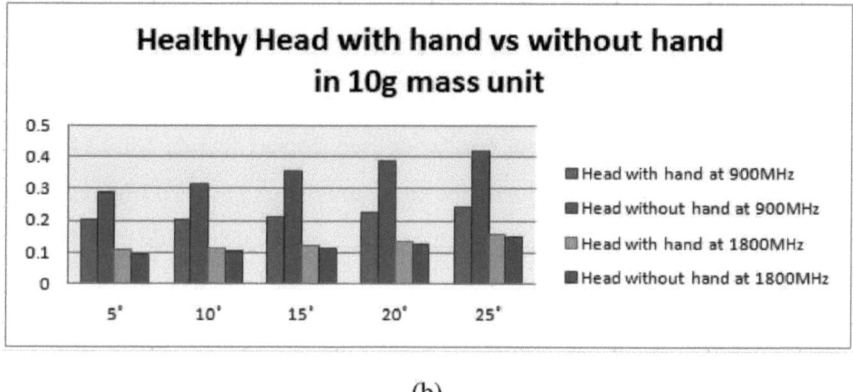

(b)

FIGURA 4.8 Comparações entre os valores SAR da cabeça de um adulto saudável com a mão e
sem a mão (a) diferentes distâncias (b) diferentes posições

4.2.9 Análise SAR para criança fantasma

A taxa de absorção EM para várias idades de crianças foi investigada. O fantoma homogéneo da cabeça foi utilizado na investigação. As propriedades dieléctricas do tecido biológico da criança foram utilizadas a partir de um trabalho existente (Ibrani et al., 2011). A permissividade e a condutividade do cérebro da criança estão indicadas na Tabela 4.7.

TABELA 4.7 Permissividade e condutividade do cérebro de crianças de 5 a 10 anos de idade (Ibrani et al.,2011).

Age (years)	900 MHz		1800 MHz	
	ε	σ	ε	σ
1	56.7	1.02	55.44	1.53
2	57.2	1.02	54.99	1.53
3	57.15	1.01	54.94	1.52
4	57.2	1.01	54.99	1.51
6	57.13	1.00	54.91	1.50
8	56.63	1.00	54.36	1.49
10	56.01	1.00	53.67	1.49

A análise SAR foi efectuada para as bandas de frequência GSM de 1800 MHz e 900 MHz. Os resultados da SAR são ilustrados na Figura 4.9. A partir da Figura 4.9, pode observar-se que os valores SAR estão a diminuir à medida que a idade aumenta. Entre as várias simulações, observa-se que a absorção a 1800 MHz é mais superficial do que a 900 MHz. A razão por detrás desta superioridade é que a directividade da antena a 1800 MHz é aproximadamente o dobro da de 900 MHz. A comparação, entre as cabeças de um a cinco anos de idade, mostra que a diferença é muito pequena devido à ligeira variação na constante dieléctrica e na condutividade. Aos oito a dez anos, os valores de SAR aumentaram com a mudança da constante dieléctrica, listados na Tabela 4.7

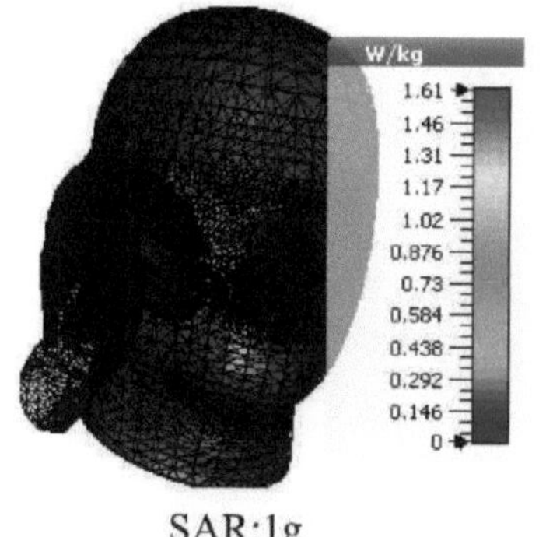

SAR:1g

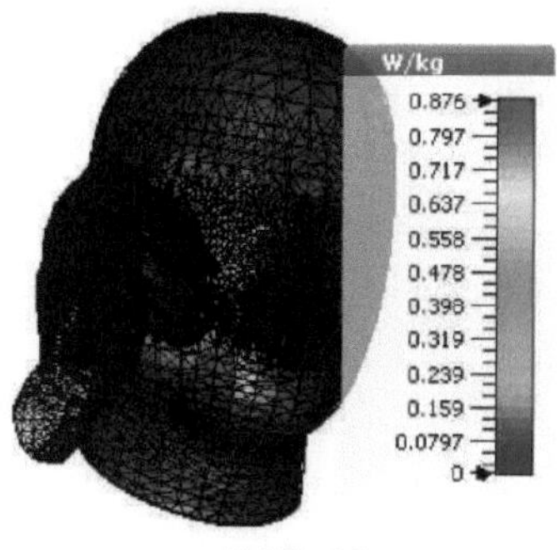

SAR:10g

1800MHz

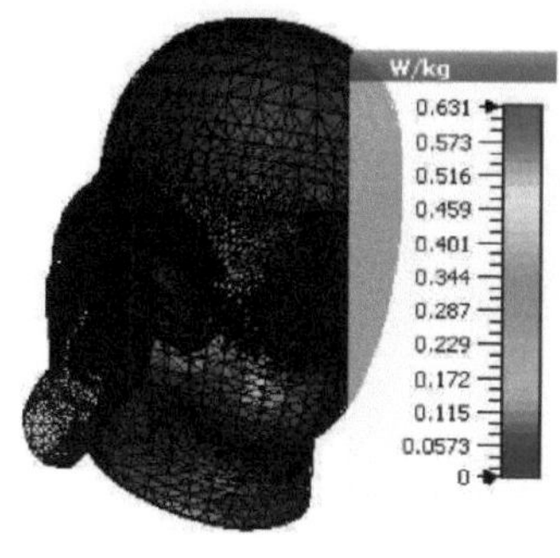

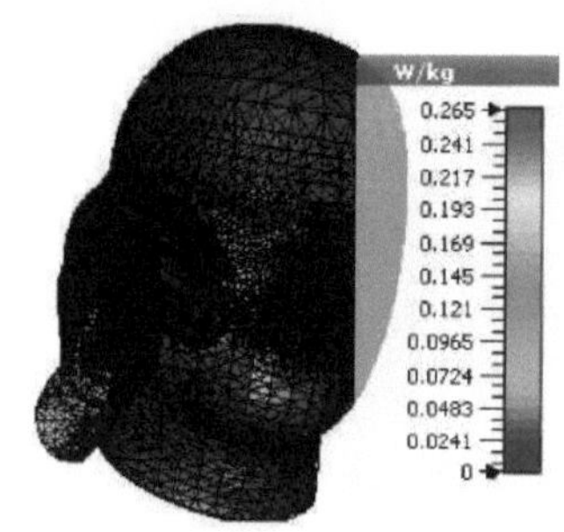

SAR:1g SAR:10g

900MHz

(a) 1 year

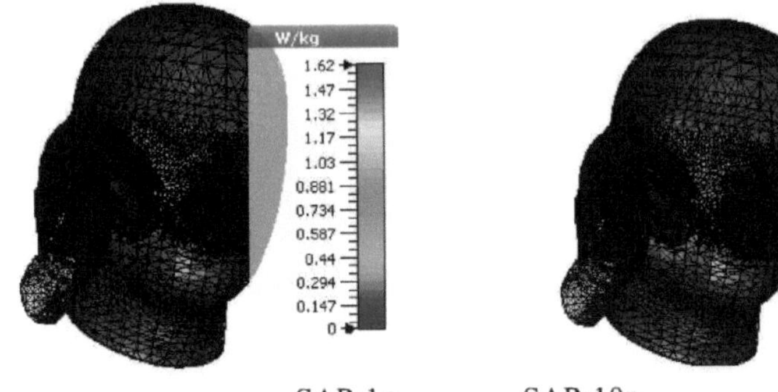

SAR:1g SAR:10g

1800MHz

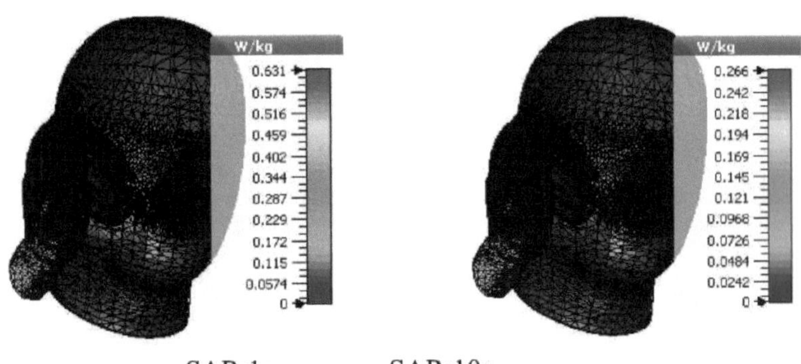

SAR:1g SAR:10g

900MHz

(b) 2 years

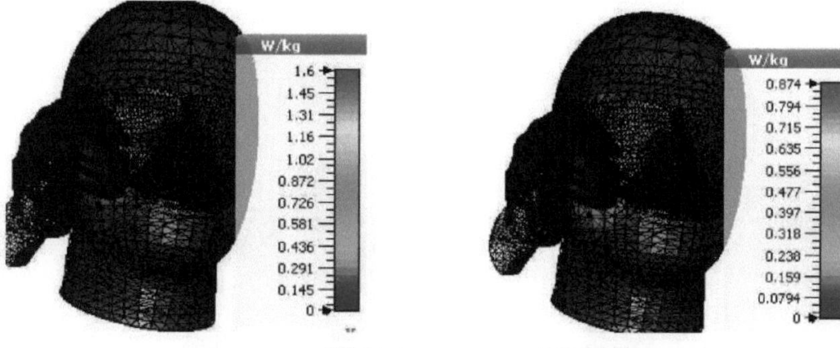

SAR:1g SAR:10g

1800MHz

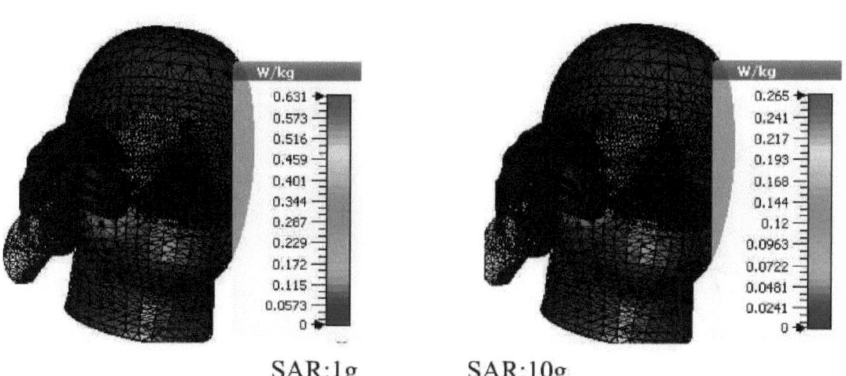

SAR:1g SAR:10g

900MHz

(c) 3 years

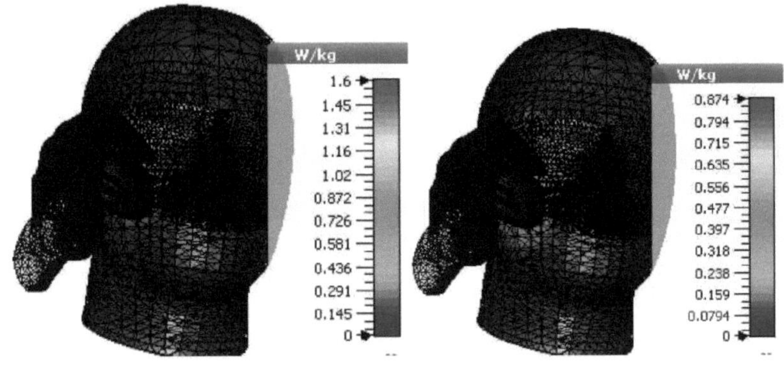

SAR:1g SAR:10g

1800MHz

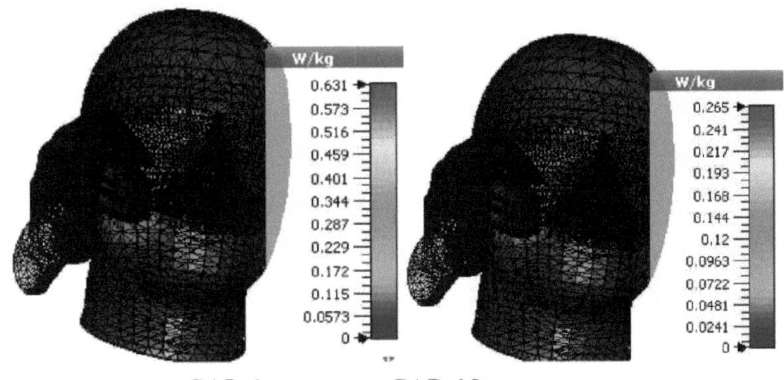

SAR:1g SAR:10g

900MHz

(d) 5 year

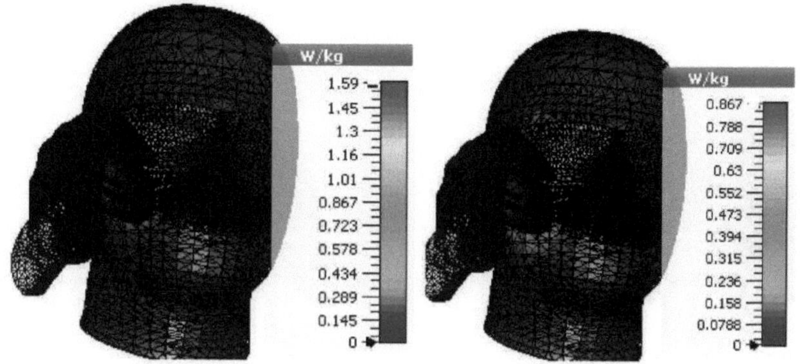

SAR:1g SAR:10g

1800MHz

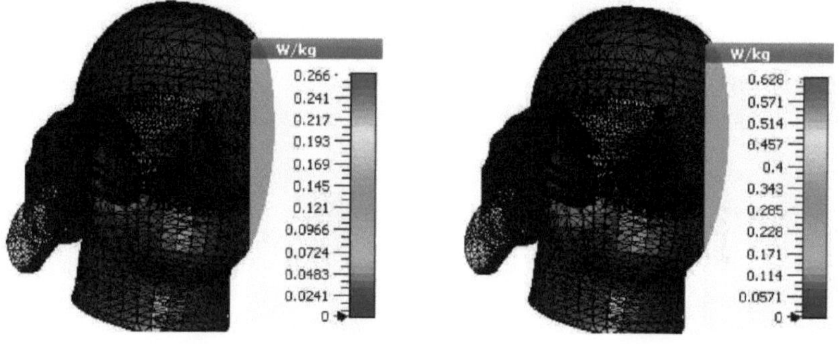

SAR:1g SAR:10g

900MHz

(e) 6 year

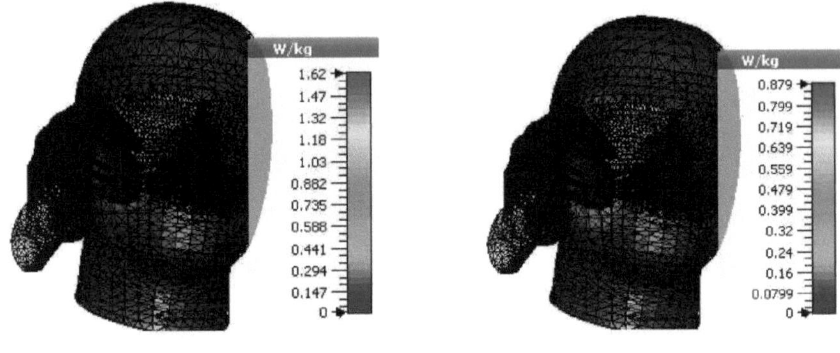

SAR:1g SAR:10g

1800MHz

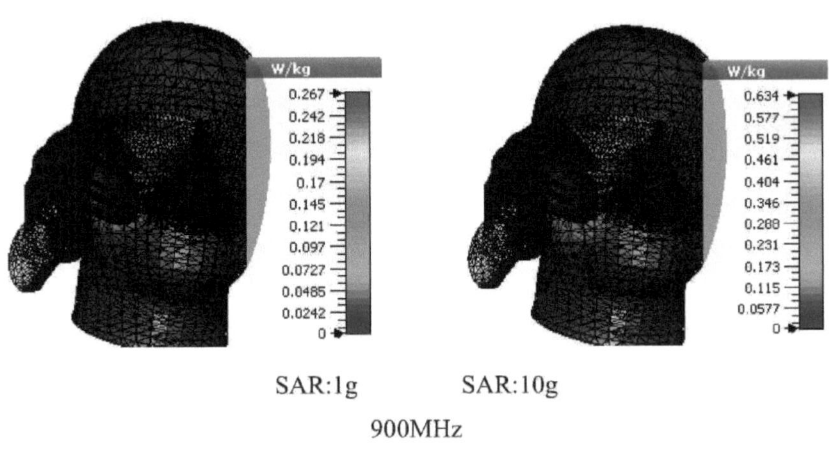

SAR:1g SAR:10g

900MHz

(f) 10 year

FIGURA 4.8 Valores de SAR para crianças de diferentes idades (a) 1 ano, (b) 2 anos, (c) 3 anos, (d) 5 anos, (e) 6 anos, (f) 1θ anos.

TABELA 4.8 Valores SAR para crianças de diferentes idades

Age (years)	1800 MHz		900 MHz	
	1g	10g	1g	10g
1	1.61	0.876	0.631	0.265
2	1.62	0.879	0.631	0.266
3	1.6	0.874	0.631	0.265
5	1.6	0.874	0.631	0.265
6	1.59	0.867	0.266	0.628
10	1.62	0.879	0.267	0.634

4.2.10 Comparações entre os valores SAR do fantoma de criança de diferentes idades

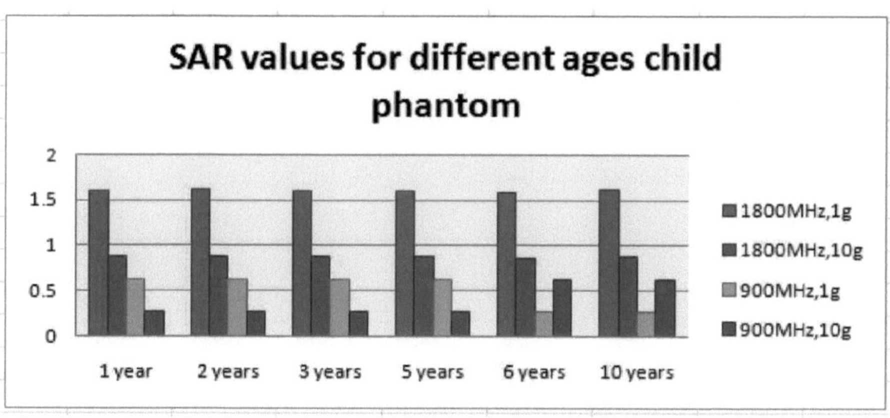

FIGURA 4.8 Comparações entre os valores SAR de diferentes idades do fantoma de criança

4.3 RESUMO

O capítulo IV é uma discussão pormenorizada sobre todo o processo de simulação, seguida de todas as figuras e tabelas necessárias. Ao mesmo tempo, foram efectuadas três comparações com representação gráfica. Após a comparação entre uma cabeça de adulto saudável e uma cabeça com células tumorais, conclui-se que o valor SAR da cabeça com tumor é superior ao da cabeça saudável. Isto deve-se ao facto de a propriedade dieléctrica da cabeça do tumor ser superior à da cabeça saudável. A cabeça que contém mais propriedades dieléctricas absorve mais ondas EM e contém um valor SAR mais elevado. Após a comparação entre uma cabeça saudável com a mão e sem a mão, compreendemos que a utilização do telemóvel com a mão contém um valor SAR mais elevado do que sem a mão. Por último, na comparação entre uma cabeça de adulto e uma cabeça de criança, verificamos que a cabeça de uma criança tem um valor SAR um pouco mais baixo do que a cabeça de um adulto. Dado que a cabeça de uma criança é 36% mais pequena do que a de um adulto com as mesmas propriedades biológicas, uma cabeça de adulto com mais propriedades dieléctricas penetra mais na absorção das ondas de rádio. E para as crianças, a frequência de 900 MHz contém um valor SAR inferior ao da frequência de 1800 MHz.

CAPÍTULO 5
CONCLUSÃO

5.1 CONCLUSÃO

Este estudo tinha como objetivo contribuir com provas para o efeito da absorção de ondas EM na cabeça humana. Esta absorção afecta a parte superior do corpo humano de forma mais significativa a cabeça humana. Os factores que influenciam a absorção de EM também foram discutidos, o que irá esclarecer os utilizadores públicos e permitir-lhes minimizar a absorção excessiva de radiação.

5.2 CONTRIBUIÇÕES

As contribuições da tese são:

1. Resultados dos valores de SAR para uma cabeça humana saudável, bem como dos valores de SAR para uma cabeça afetada por um tumor, uma cabeça de criança e comparação entre eles. Além disso, como é que o valor SAR difere entre usar a mão e não usar a mão em adultos e crianças.
2. Resultados dos valores SAR para diferentes condições da cabeça, a partir de diferentes distâncias e posições, que sensibilizarão o público para os inconvenientes da utilização excessiva do telemóvel.

5.3 TRABALHOS FUTUROS

É necessário realizar muitos trabalhos e estudos neste sector, que podem contribuir fortemente para a humanidade. Alguns dos trabalhos futuros relacionados com este estudo são apresentados de seguida.

1. Estudo do efeito e do valor da SAR em todo o corpo humano.
2. Analisar os efeitos da SAR e o seu valor para as mulheres grávidas.
3. Conceber uma antena mais eficaz que reduza fortemente a SAR.

REFERÊNCIAS

Ali, MdFaruk, e Sudhabindu Ray. "Análise SAR num modelo esférico não homogéneo de cabeça humana exposto a uma antena dipolo radiante para 500 MHz-3 GHz utilizando o método FDTD." *International Journal of Microwave and Optical Technology* 4, no. 1 (2009): 35-40.

Al-Mously, Salah I. "Assessment procedure of the EM Interaction between mobile phone antennae and human body" (Procedimento de avaliação da interação electromagnética entre as antenas dos telemóveis e o corpo humano). *International Journal of New Computer Architectures and their Applications (IJNCAA)* 1,no. 1 (2011): 1-14.

Anderson, Vitas. "Comparações dos níveis de pico de SAR em modelos de cabeça de esfera concêntrica de crianças e adultos para irradiação por um dipolo a 900 MHz." *Physics in Medicine and Biology* 48, no. 20 (2003): 3263.

Berg, Maria Blettner, Gabriele. "Os telemóveis são prejudiciais?". *ActaOncologica* 39, no. 8 (2000): 927930.

Cardis, E., I. Deltour, S. Mann, M. Moissonnier, M. Taki, N. Varsier, K. Wake e J. Wiart. "Distribuição da energia de radiofrequência emitida por telemóveis em estruturas anatómicas do cérebro. "*Physics in medicine and biology* 53, no. 11 (2008): 2771.

Christ, Andreas, Marie-Christine Gosselin, Maria Christopoulou, Sven Kuhn e NielsKuster. "Agedependent tissue-specific exposure of cell phone users. "*Physics in medicine and biology* 55, no. 7 (2010): 1767.

De Salles, Alvaro A., Giovani Bulla, e Claudio E. Fernandez Rodriguez. "Absorção eletromagnética na cabeça de adultos e crianças devido ao funcionamento do telefone celular próximo à cabeça. "*Electromagnetic Biology and Medicine* 25, no. 4 (2006): 349-360.

Hardell, Lennart, Michael Carlberg, Fredrik Soderqvist e Kjell Hansson Mild. "Meta-analysis of long-term mobile phone use and the association with brain tumours." *International journal of oncology* 32,no. 5 (2008): 1097-1103.

Kheifets, Leeka. "Science, uncertainty and policy for power and mobile frequency EMF. "In *BIOELECTROMAGNETICS Current Concepts*, pp. 323-330.Springer, Dordrecht, 2006.

Kainz, Wolfgang, Andreas Christ, TocherKellom, Seth Seidman, NevianaNikoloski, Brian Beard e NielsKuster. "Comparação dosimétrica do manequim antropomórfico específico (SAM) com 14 modelos anatómicos da cabeça, utilizando uma nova definição para o posicionamento do telemóvel. "*Physics in medicine and biology* 50, n.º 14 (2005): 3423.

Khalatbari, S., D. Sardari, A. A. Mirzaee, e H. A. Sadafi. "SAR Calculations in Two Models of the Human Head Exposed to Mobile Phones at 900 and 1800 MHz" (Cálculos de SAR em dois modelos de cabeça humana expostos a telemóveis a 900 e 1800 MHz). *Australasian Physical & Engineering Sciences in Medicine* 29, no. 1 (2006): 131.

Khurana, Vini G., Charles Teo, Michael Kundi, LennartHardell e Michael Carlberg. "Cell phones and brain tumors: a review including the long-term epidemiologic data." *Surgical neurology* 72, no. 3 (2009): 205-214.

Kuster, N. *Past, current, and future research on the exposure of children (Investigação passada, atual e futura sobre a exposição das crianças). Fundação para a Investigação sobre Tecnologias da Informação na Sociedade (IT'IS)*, Relatório Interno da Fundação, 2009.

Mat, D. A. A., W. T. Kho, A. Joseph, K. Kipli, K. Lias, A. S. W. Marzuki e S. Sahrani. "Electromagnetic radiation towards adult human head from handheld mobile phones. "*Int. J. of Network and Mobiles Technologies* 1, no. 2 (2010).

Martinez-Burdalo, M., A. Martin, M. Anguiano, e R. Villar. "Comparação da taxa de absorção específica calculada por FDTD em adultos e crianças quando utilizam um telemóvel a 900 e 1800 MHz. "*Physics in medicine and biology* 49, no. 2 (2004): 345.

Myung, Seung-Kwon, WoongJu, Diana D. McDonnell, YeonJi Lee, Gene Kazinets, Chih-Tao Cheng e Joel M. Moskowitz. "Utilização de telemóveis e risco de tumores: uma meta-análise". *Journal of Clinical Oncology* 27, no. 33 (2009): 5565-5572.

Peyman, A., A. A. Rezazadeh, e C. Gabriel. "Changes in the dielectric properties of rat tissue as a function of age at microwave frequencies. "*Physics in Medicine and Biology* 46, no. 6 (2001): 1617.

Poljak, Dragan, e Carlos A. Brebbia. *Boundary element methods for electrical engineers* .Vol. 4.WIT Press, 2005.

Repacholi, Michael H. "Low-level exposure to radiofrequency electromagnetic fields: Health effects andresearchneeds". *Bioelectromagnetics* 19, no. 1 (1998): 1-19.

Rothman, Kenneth J. "Epidemiological evidence on health risks of cellular telephones". *The Lancet* 356, no. 9244 (2000): 1837-1840.

Rothman, Kenneth J., Chung-Kwang Chou, Robert Morgan, QuirinoBalzano, Arthur W. Guy, Donna P. Funch, Susan Preston-Martin, Jack Mandel, Rebecca Steffens, e George Carlo. "Assessment of cellular telephone and other radio frequency exposure for epidemiologic research. "*Epidemiology* (1996): 291-298.

Sadiku, MatthewNO.*Técnicas numéricas em electromagnética com MATLAB*. CRC press, 2011.

Swerdlow, Anthony J., Maria Feychting, Adele C. Green, LeekaKheifets, David A. Savitz, e International Commission for Non-Ionizing Radiation Protection Standing Committee on Epidemiology. "Mobile phones, brain tumors, and the interphone study: where are we now?". *Environmental health perspectives* 119,no. 11 (2011): 1534.

Szmigielski, Stanislaw. "Riscos de cancro relacionados com exposições de baixo nível a RF/MW, incluindo telemóveis". *Electromagnetic biology and medicine* 32, no. 3 (2013): 273-280.

Takebayashi, T., N. Varsier, Y. Kikuchi, K. Wake, M. Taki, S. Watanabe, S. Akiba e N. Yamaguchi. "Utilização de telemóveis, exposição a campos electromagnéticos de radiofrequência e tumores cerebrais: um estudo de caso-controlo". *British journal of cancer* 98, no. 3 (2008): 652.

Varsier, Nadege, Kanako Wake, Masao Taki, Soichi Watanabe, Toru Takebayashi, Naohito Yamaguchi e Yuriko Kikuchi. "SAR characterization inside intracranial tumors for case-control epidemiological studies on cellular phones and RF exposure." *annals of telecommunications-annales des telecommunications* 63, no. 1-2 (2008): 65-78.

Violanti, John M., e James R. Marshall. "Cellular phones and traffic accidents: an epidemiological approach." *Accident Analysis & Prevention* 28, no. 2 (1996): 265-270.

Wiart, J., A. Hadjem, M. F. Wong, e I. Bloch. "Análise da exposição à radiofrequência nos tecidos da cabeça de crianças e adultos. "*Physics in medicine and biology* 53, no. 13 (2008): 3681.

Wang, Jianqing, e Osamu Fujiwara. "Comparação e avaliação das caraterísticas de absorção electromagnética em modelos realistas de cabeça humana de adultos e crianças para telemóveis de 900 MHz. "*IEEE Transactions on Microwave Theory and Techniques* 51, no. 3 (2003): 966-971.

Zhang, Ming e A. Alden. "Cálculo da SAR de corpo inteiro a partir de uma antena dipolo de 100 MHz. "*Progress In Electromagnetics Research* 119 (2011): 133-153.

Printed by Books on Demand GmbH, Norderstedt / Germany